JN232704

映像情報メディア基幹技術シリーズ ⑤

三次元画像工学

映像情報メディア学会 編

工学博士 佐藤　誠
工学博士 佐藤 甲癸
博士（工学） 橋本 直己
博士（工学） 高野 邦彦

共著

コロナ社

序　　文

　情報化に伴って大画面映像やハイビジョン映像などの高品質な映像が求められるようになってきた。また，医用画像やアニメーション映画，ゲームなどさらなる映像の高品質化が求められている。高臨場感ディスプレイであるドーム型ディスプレイや偏光メガネをかけた立体映画などがテーマパークなどでたいへんに人気がある。また，最近ではメガネをかけない三次元画像の表示方式が種々提案されている。

　そこで本書において，1章では三次元画像の歴史について概説する。また，三次元画像は両眼視差，輻輳（ふくそう），焦点調節などの立体視を利用したさまざまな方式が提案されている。そこで，2章では立体視の原理について概説する。3章ではそれらの三次元画像を表示する方式により分類して説明する。三次元画像は観察する方法により，メガネ式3Dディスプレイとメガネなし立体ディスプレイに大別される。表示方式によりディスプレイの表面に特殊なレンズなどを用いる両眼視差方式とホログラフィーなどの空間表示をおもに用いる方式に分類される。本書では，特に立体視の要因をすべて満たしているとされるホログラフィー技術についてさらに詳しく述べることとする。また，4章では立体テレビを考える場合に必要な立体情報の圧縮や符号化および伝送の方式について現在考えられている方式を紹介する。

　また，三次元画像は，バーチャルリアリティ（VR）技術と融合してゲームや建築物，宇宙空間などを体験する技術として，さらには，医学分野などにおけるシミュレーション技術としても近い将来たいへん有効であると考えられている。そこで，5章では三次元画像の応用として大画面映像を用いた最新のVR技術について紹介し，6章では，その等身大映像との対話を実現するための応用について詳しく述べることとする。

最近ではVR，医学応用，ゲーム，立体映画，立体テレビなど三次元画像が産業の対象として考えられ始めている。このような時期に本書が発刊されるのはたいへん意義深い。本書が三次元画像工学のさらなる発展に寄与できれば幸いである。

2006年11月

佐藤　　誠
佐藤　甲癸
橋本　直己
高野　邦彦

目　　　　次

1.　三次元ディスプレイの歴史

1.1　立　体　写　真　……………………………………………………………… 1
1.2　仮想空間への立体像表示 …………………………………………………… 1
1.3　ホログラフィー ……………………………………………………………… 2
1.4　立　体　テ　レ　ビ ………………………………………………………… 3

2.　立体視の原理

2.1　視　覚　的　要　因 ………………………………………………………… 5
　2.1.1　単眼だけで知覚できる奥行き情報 …………………………………… 5
　2.1.2　両眼の情報から得られる奥行き情報 ………………………………… 6
2.2　感　性　的　要　因 ………………………………………………………… 7

3.　立体映像表示方式（立体ディスプレイの各種の方式）

3.1　多眼式立体動画像表示方式（両眼視差方式）…………………………… 8
3.2　断層面再生方式 ……………………………………………………………… 17
3.3　空間像表示方式 ……………………………………………………………… 20
3.4　ホログラフィー方式 ………………………………………………………… 23
　3.4.1　ホログラムの記録・再生 ……………………………………………… 23
　3.4.2　デニシュク・リップマンホログラム ………………………………… 24
　3.4.3　ホログラフィックステレオグラム（H・S）………………………… 26
　3.4.4　計算機ホログラム ……………………………………………………… 27
　3.4.5　電子ホログラフィー …………………………………………………… 29
　3.4.6　ホログラフィーの芸術への応用 ……………………………………… 46

3.5 立体ディスプレイの展望 ……………………………………………… 48
3.6 む　　す　　び ………………………………………………………… 49

4. 立体映像の情報処理

4.1 ホログラムの情報 ……………………………………………………… 50
4.2 ホログラム計算の高速化 ……………………………………………… 52
　4.2.1 光線追跡型フレネルホログラム計算へのネットワーク分散処理の
　　　　適用 …………………………………………………………………… 52
　4.2.2 差分を用いた高速計算アルゴリズム ……………………………… 55
4.3 フーリエ変換型 ………………………………………………………… 57
4.4 高速計算のための専用ハードウェア化への試み …………………… 58
4.5 帯域圧縮，符号化 ……………………………………………………… 60
4.6 ホログラムの伝送について …………………………………………… 65
　4.6.1 ホログラフィックな立体写真伝送 ………………………………… 66
　4.6.2 ネットワークを用いた立体動画像配信法 ………………………… 67
4.7 動画ホログラフィーへの実験的繰返し手法の適用 ………………… 70
4.8 キノフォーム方式 ……………………………………………………… 71
　4.8.1 キノフォームの原理 ………………………………………………… 71
　4.8.2 0次光の空間分離法 ………………………………………………… 72
　4.8.3 位相コード …………………………………………………………… 74
　4.8.4 位相コードを付加した場合の再生像特性 ………………………… 76
4.9 液晶を用いたホログラフィックな立体像再生法 …………………… 77
　4.9.1 液晶パネルを用いた動画ホログラフィーの観察距離短縮 ……… 77
　4.9.2 接眼レンズを用いた再生像の拡大観察法 ………………………… 80
　4.9.3 高次回折光を利用した視域拡大法 ………………………………… 80
4.10 カラー化について ……………………………………………………… 82
　4.10.1 3色のレーザを用いたカラー再生装置（1号機） ………………… 82
　4.10.2 白色ランプを用いたカラー再生装置（2号機） ………………… 82
　4.10.3 虚像再生法を用いたカラー再生装置（3号機） ………………… 84
　4.10.4 DMDを用いたカラー再生装置（4号機） ………………………… 85

- 4.10.5 LEDと虚像再生法を用いた個人観賞型カラー再生装置（5号機）……87
- 4.11 動画ホログラフィー投影システム …………………………………92
  - 4.11.1 レンズレス実像投影法 ……………………………………92
  - 4.11.2 実際に構成された装置の紹介 ……………………………93
- 4.12 ホログラムを記録する手法について ………………………………98
- 4.13 むすび …………………………………………………………………99

5. VRへの応用

- 5.1 VRにおけるディスプレイ装置の変遷 ………………………………103
  - 5.1.1 HMDの登場 …………………………………………………103
  - 5.1.2 プロジェクタを用いた没入型ディスプレイの登場 ………105
  - 5.1.3 GWSからPCへの移行 ………………………………………108
  - 5.1.4 高解像度化への挑戦 …………………………………………113
- 5.2 没入型ディスプレイにおける立体映像生成 ………………………117
  - 5.2.1 プロジェクタ …………………………………………………117
  - 5.2.2 スクリーン ……………………………………………………122
  - 5.2.3 没入型ディスプレイにおける視点位置計測 ………………125
  - 5.2.4 ハードウェアによる立体映像生成サポート ………………128
  - 5.2.5 ソフトウェアによる立体映像生成サポート ………………130
- 5.3 最新のVRシステム：D-vision ………………………………………131
  - 5.3.1 ひずみの少ない映像提示 ……………………………………132
  - 5.3.2 高い没入感の実現 ……………………………………………137
  - 5.3.3 投影システム …………………………………………………141
  - 5.3.4 拘束感の少ない視点位置計測 ………………………………145
  - 5.3.5 投影映像の色・幾何補正 ……………………………………147
  - 5.3.6 任意視点への対応 ……………………………………………151
  - 5.3.7 映像生成システム ……………………………………………155

6. 画像との等身大対話環境の実現

- 6.1 等身大映像との対話技術 ………………………………………………158
  - 6.1.1 足踏み型移動インタフェース ………………………………158

|　　6.1.2　等身大力覚提示装置 SPIDAR-H ……………………………… 163
|　　6.1.3　光学式三次元モーショントラッカ ………………………… 167
6.2　等身大三次元映像生成のためのソフトウェア技術 ……………………… 168
|　　6.2.1　没入型ディスプレイ用ソフトウェアに求められる機能 ……… 169
|　　6.2.2　没入型ディスプレイを意識させないソフトウェア開発環境 …… 172
|　　6.2.3　既存のアプリケーションを直接利用する方法 ……………… 173
6.3　D-vision の応用事例 ……………………………………………………… 180
|　　6.3.1　視覚と力覚で対話可能なリアクティブバーチャルヒューマン ……… 180
|　　6.3.2　多様な環境を再現可能なリアクティブモーションキャプチャ ……… 184
|　　6.3.3　高視野角映像を用いた視覚心理実験 ………………………… 188
|　　6.3.4　体験者の能動的な行動を取り入れた都市環境評価システム ……… 191
|　　6.3.5　視覚や力覚を刺激するエンターテインメントシステム ……… 194

引用・参考文献 …………………………………………………………………… 198
索　　　引 ………………………………………………………………………… 210

1 三次元ディスプレイの歴史

はじめに,ここでは話題の対象として三次元画像を表示する手段としての三次元ディスプレイを考える。現在の本格的な三次元ディスプレイの技術動向を述べるにあたっていくつかの歴史的な背景について考える。

1.1 立 体 写 真

立体鏡(ステレオスコープ)が1849年,David Brewster(イギリス)によって発明された。その方法は2枚の視差画像をプリズムにより,右眼と左眼に別々に入るように工夫されたものである(図1.1)。

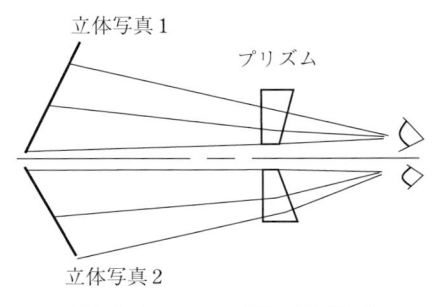

図 1.1 Brewster 立体鏡の原理[1]

1.2 仮想空間への立体像表示

最近では特殊なメガネをかけて見る立体映像は臨場感もあり,テーマパーク

などで立体映画の人気が高い。将来，ホログラフィーを用いた三次元ヘッドマウントディスプレイが誕生すると，仮想空間で野球の試合ができるかもしれない（図1.2）[1]†。

図1.2 立体映像を利用した仮想空間での試合風景（将来図）[2]

1.3 ホログラフィー

ホログラフィーは光の波面情報の記録・再生を可能とする技術であり，人間が三次元物体を認識する過程で重要な，両眼視差，焦点調節，輻輳および運動視差の生理的要因を満足する手法であることが広く知られている。さらに，特殊な眼鏡（偏光フィルタ）の助けを借りずに，われわれがごく自然に対象物を見るように空間を再現できる特徴をもつことでも知られている。

ホログラフィーの考え方は，1948年にD. GaborがX線回折顕微鏡を参考にして，電子顕微鏡の解像度を改善する手法として考案したものである。しかし，最初のホログラムは透過物体に対して物体光と参照光が同一の方向から入射するもので，再生像と0次光が重なってしまい見えずらいものであった。その後，Maimanによってルビーレーザ，1961年にJavanらによってHe-Ne

---

† 肩付き数字は，巻末の引用・参考文献の番号を表す。

レーザの発振が成功したことにより，その応用分野は飛躍的に拡大した。LeithとUpatnikにより参照光と物体光の間に参照角をとるoff-axisホログラムが発表されてから，多くの分野に用いられるようになった。本書ではホログラフィーのディスプレイへの応用を中心に述べているが，ディスプレイのほかにもさまざまな分野に応用されている。

　その具体例としては以下のものが知られている。干渉計測においては自動車のボディの振動状態，タイヤの欠陥箇所の検出などに応用例がある。光学部品をホログラムに置換したホログラフィック光学素子は，航空機のヘッドアップディスプレイ，POSレジ用バーコードリーダ，CDプレーヤのピックアップレンズなどに応用され，光コンピュータへの応用の可能性も指摘されている。セキュリティ分野においては，セキュリティ機能を付加した光メモリをはじめ，ソフトウェアの不正コピー防止を目的としてMicrosoft社が販売しているCD-ROM製品で確認ができるほか，Japan-Net-BankのIDカードや紙幣にも応用されている。このように，光の波面情報を記録再生できるホログラフィー手法は，さまざまな分野に応用できる技術として期待が大きい。

1.4　立体テレビ

　一方，日常生活に欠かせないテレビにとっても情報提供のメディアとして，臨場感の高い映像が要求されるようになってきた。その流れが大画面テレビであり，またHDTVである。さらに立体映像を扱う立体テレビの方式へと進化しつつある[2]。子供たちが立体映像に接している姿を見ていると3D映像がむしろ自然に思えてくる。人間が本来空間の中に生活する存在である以上この変化は当然のものといえるであろう。立体映像は科学技術として将来はバーチャルリアリティ（VR）技術などと融合して宇宙空間や医学分野のシミュレーション技術としても有効と考えられている。立体ディスプレイの他のさまざまな分野への影響が大きいと思われる。立体映像はいままでにもいくつかの波があり，現在はゲームが一つのブームになっている感がある。これらの応用に際し

て考えなければいけない大切な問題は，視覚疲労などに対して人間の視覚特性を考慮に入れた人に優しい立体ディスプレイの実現である。国内の学会等でも３Ｄ画像関連技術について幾度か特集が組まれている[3]。本書ではおもにメガネを必要としない，人に優しい立体ディスプレイの実現に向けた立体ディスプレイと画像・信号処理の最近の研究動向について，種々の方式および他の方式との比較などを交えて述べることとする。

2 立体視の原理

一般に人間が「立体感」を知覚するためには，眼を通して入る視覚的要因が重要である．ここでは三次元ディスプレイに関する立体視の要因について述べる．

2.1 視覚的要因[1]

2.1.1 単眼だけで知覚できる奥行き情報

〔1〕 ピント調節

眼球の水晶体を変形させて，網膜上に鮮明な像を結像させる機能で，中枢からのピント合せ命令による筋肉系の働きと，網膜上のボケ量検出能力から奥行き距離の情報となる．この機能の影響として，鮮鋭度の低い物体像は遠方にあるように感じたり，遠方物体が空気の散乱などで不鮮明になる空気透視効果も同様の要因による．

〔2〕 運動視差

観察者が移動したとき，観察者の位置との相対的変化に伴って生じる，対象物の動きの相違によって知覚される機能である．前方にある物体が後方の物体を遮断する状態や，照明光源と観察位置の関係から生じる，物体の凹凸に応じた陰影など微妙な立体情報も効果的な要因になる．

〔3〕 視野の大きさ

奥行き検出に直接的に関与する要因ではないが，画枠などの制限がなくなると臨場感が高まり，他の情報と合わせて空間効果を高める．

〔4〕 網膜像の大きさ

物体までの距離によって,網膜上にできる像の大きさの違いから知覚される要因である。

2.1.2 両眼の情報から得られる奥行き情報

〔1〕 輻輳（ふくそう）

物体を網膜中心窩（か）で注視する際に発生する,両眼の内よせ（輻輳），外よせ（開散）運動により奥行きを知覚する。眼球を動かす外眼筋の状態と,両眼網膜上の像が単一像として見える範囲（融像領域）に移動させる運動量が情報となる。両眼の視線がなす角（輻輳角）を手がかりにして両眼位置から三角測量を行っていることになる。なお,単眼情報の調節と連動して働くため,両者の間に極端なずれが生じると違和感による眼精疲労を引き起こす。

〔2〕 両眼視差

両眼の網膜上にできる物体のずれにより,奥行きを検出する機構である。

輻輳,両眼視差,運動視差の関係を図 2.1 に示す。

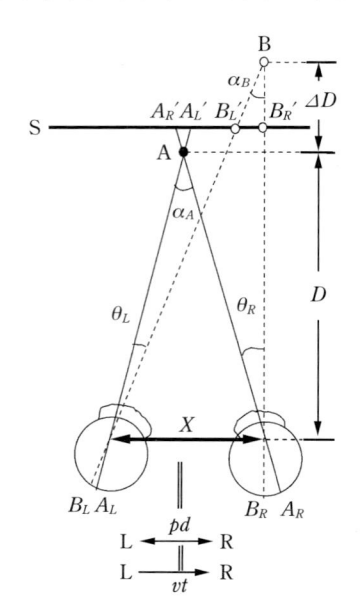

図 2.1 輻輳,両眼視差,運動視差の関係[1]

図 2.1 において,X を瞳孔間距離（$=pd$）とすると輻輳角 $α_A$,$α_B$ は式 (2.1) の関係になる。また,両眼視差は式 (2.2) の関係となる。

$$α_A ≒ \frac{X}{D}, \quad α_B ≒ \frac{X}{D+ΔD} \tag{2.1}$$

$$|\overline{A_L B_L} - \overline{A_R B_R}| = |θ_L - θ_R| = |α_A - α_B| ≒ \left(\frac{ΔD}{D^2}\right)·X \tag{2.2}$$

運動視差は,移動速度 v,$X=vt$ のときに物体 A,B を見込む角が $θ_L → θ_R$ と変化したとき

$$Δθ = θ_R - θ_L ≒ \left(\frac{ΔD}{D^2}\right)·vt \tag{2.3}$$

$$∴ \quad \frac{d(Δθ)}{dt} = \left(\frac{ΔD}{D^2}\right)·v \tag{2.4}$$

表示面（S）上での両眼視差情報の表示は,$A_R{}' A_L{}'$,$B_R{}' B_L{}'$ で示される。

2.2 感性的要因[2]

ヒトが立体感を知覚する要因には,視覚的要因に加えて感性的要因もある。そこで,以下に立体視の感性的要因の一例を紹介する。

① 大小：小さい物は遠く,大きい物は近くに感じる。
② 上下：上にある物は遠く,下にある物は近くに感じる。
③ 粗密：密集したところは遠く,粗いところは近くに感じる。
④ 運動：遅く動く物は遠く,速く動く物は近くに感じる。
⑤ 遮へい：重なり隠れる物は遠く,隠す物は近くに感じる。
⑥ 明暗：暗いところは遠く,明るいところは近くに感じる。
⑦ 鮮明：霞んだところは遠く,鮮明なところは近くに感じる。
⑧ 陰影：影（光源）の位置による判断。
⑨ 濃淡：淡い色は遠く,濃い色は近くに感じる。
⑩ 色相：寒色は遠く,暖色は近くに感じる。

3 立体映像表示方式（立体ディスプレイの各種の方式）

メガネなし立体ディスプレイの方式概略として両眼視差，輻輳，ピント調節，運動視差の四つの機能によって分類した各方式をつぎにあげる。

3.1 多眼式立体動画像表示方式（両眼視差方式）

左右の視差映像を作り出す方式で，左右の眼に視差画像が同時に入るように映像を表示する。さらに多数の方向から異なった映像を表示する多眼式では，眼の位置を水平方向に動かすと異なった映像を観測できる運動視差をもたせることができる。2眼式よりも自然な立体像が観測できる。以下の方式に分類される。

① アナグリフ方式
② 偏光フィルタ方式
③ レンティキュラー方式
④ パララックスバリア方式
⑤ バックライト分割方式
⑥ ホログラフィックスクリーン方式
⑦ ヘッドマウントディスプレイ（HMD）方式
⑧ グレーティング方式
⑨ 超多眼ディスプレイ方式

各方式について以下に概説する。

〔1〕 アナグリフ方式

D'Almeida によって発表されたもので，この方式は，赤と青など補色関係にある2色の視差画像を，色フィルタで左右の眼に分離して入力することにより立体視を行う。比較的簡単に立体視が可能であるが，得られる立体像はモノクロ画像に限られる。

〔2〕 偏光フィルタ方式

偏光フィルタ方式は，各偏光成分をもった視差画像を，直交した偏光素子の組合せにより左右の眼に分離して入力することにより立体視を行う。偏光メガネ方式は比較的簡単にフルカラー動画像の表示が可能である。偏光板とプロジェクタを用いて同時に多人数が立体像を観察できる投影型ディスプレイが可能であるが，投影用スクリーンには反射による偏光の乱れのないスクリーンが必要となる。

〔3〕 レンティキュラー方式

水平方向に指向性をもつスクリーンを用いて左右の眼に視差画像が同時に入るように映像を表示する方式で，この方式を用いた8眼式メガネなし3D TVディスプレイシステム（**図3.1**）が開発されている[1]。

しかし，レンティキュラーレンズの画素数が視点数に対応するため，再生像解像度を低下させずに視点数を増やすことが困難であり，そのために視域が制限される問題があった。その後本方式を用いて観測者の位置をリアルタイムで検出し，プロジェクタを対称な位置に移動する制御を行うことにより立体視域を広げる方法が報告されている[2]。

〔4〕 パララックスバリア方式

視差表示画像と両眼の間に入れられたスリットが，異なった視差画像に対してバリアとして働くことにより，左右の視差画像を作り出す方式で，左右の眼に視差画像が同時に入るように映像を表示する。本方式を用いた4〜10インチの立体TVが開発されている[3]。

さらに，パララックスバリアを液晶パネルの両面に配置して高輝度なディスプレイを作成するとともに，シフトイメージスプリッタを用いて立体視範囲を

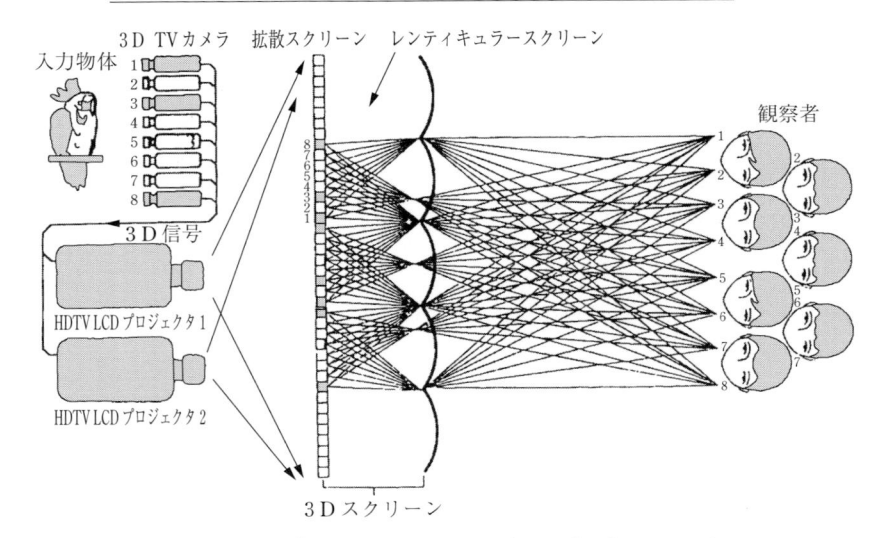

図 3.1　8眼式メガネなし3D TVディスプレイシステム[1]

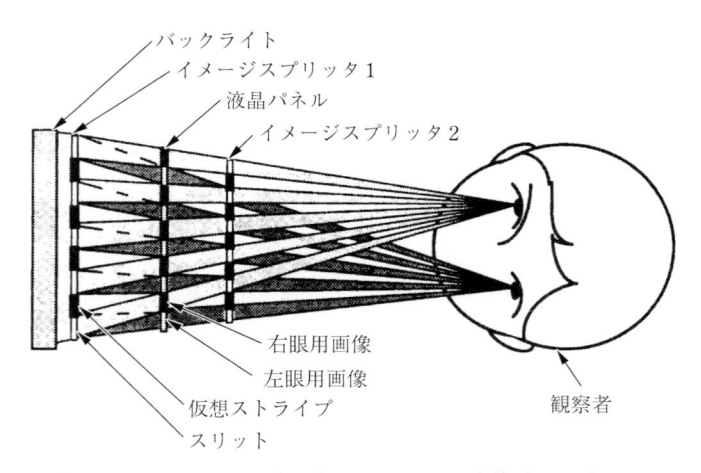

図 3.2　シフトイメージスプリッタを用いた立体ディスプレイ[3]

拡大している（**図 3.2**）。また，本方式を用いた立体TVが**図 3.3**のようにすでに市販されている[4]。また，LED配列を用いて輝度調整を行い，大画面パララックスバリア式の多人数で観察可能な立体ディスプレイが作成されている[5]。同様に円筒形のパララックスバリアの内側でLEDの一次元光源アレイ

3.1 多眼式立体動画像表示方式（両眼視差方式）

図3.3 3Dディスプレイ製品の一例[4]

を回転させながら輝度変調を行い，さらに視域を広げる方法として眼の残像効果を利用して表示を行う円筒形の多眼ディスプレイが試作されている[6]。

〔5〕 バックライト分割方式

図3.4に示すように，左右画像それぞれを照射するバックライトに指向性を

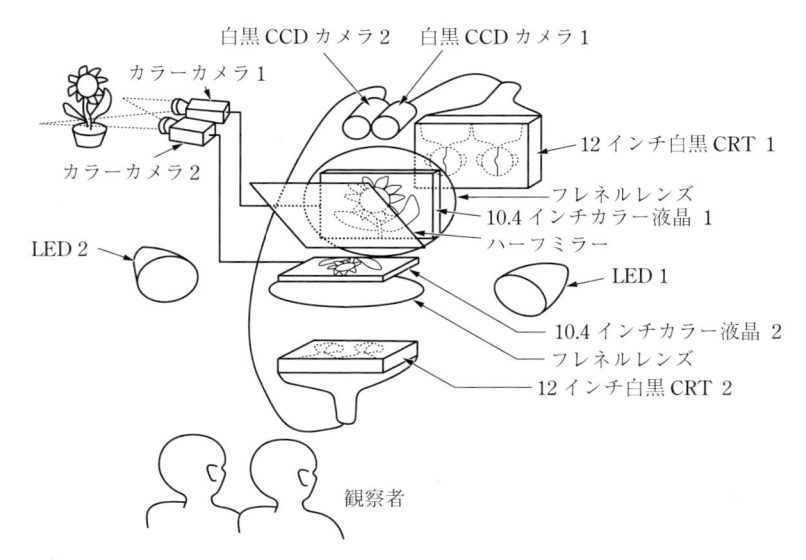

図3.4 バックライト分割方式立体ディスプレイ[7]

もたせて視差画像を得る方式で，赤外 LED とモノクロ CCD カメラおよび CRT とフレネルレンズで構成されている．モノクロ CRT に映された観察者の顔画像をバックライトの光源として用いているため，視点に追従して立体視が可能である[7]．

〔6〕 ホログラフィックスクリーン方式

図 3.5 に示すように，ホログラフィーの特徴である回折と焦点調節とを 1 枚のスクリーンを用いて構成し，視差画像を合成する方法であり，0 次光の分離が容易で，かつ比較的視域が広くとれる特徴がある[8]．

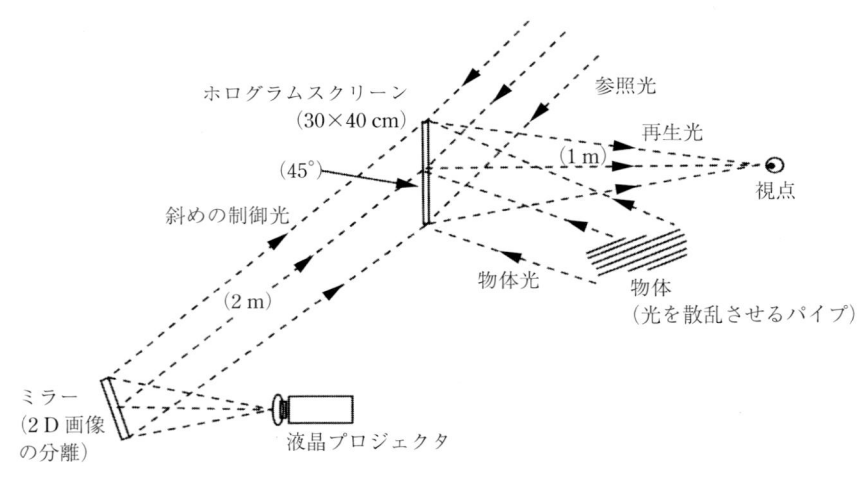

図 3.5 ホログラフィックスクリーン方式立体ディスプレイ[8]

〔7〕 ヘッドマウントディスプレイ（HMD）方式

ヘッドマウントディスプレイの左右の LCD（liquid crystal device）に視差画像を用いる方式で，特別な位置合せを必要とせず，小型で大画面表示が可能となる．最近では輻輳距離と焦点調節距離を一致させるような自然な焦点調節を伴う HMD 立体ディスプレイの試作が行われている[9]．さらに人間の網膜に直接視差画像を書き込む新しい網膜投影型立体ディスプレイも開発されている[10]．

〔8〕 グレーティング方式

　本方式は液晶パネルに回折格子を密着させて，回折により視差像を形成する方法である（図3.6）[11]。水平方向に指向性をもつスクリーンを用いて左右の視差映像を作り出す方式で，異なった方向から見た二次元画像を左右の眼が別々に観察できるように，微小な回折格子の角度とピッチを変えながら平面基板上に配置することにより三次元画像の表示を行う方法であり，この方法はグレーティングイメージとも呼ばれている[12]。本方式を用いてカラー立体映像が得られている[13]。回折格子にホログラム光学素子を用いたものなどが提案されている[14]。

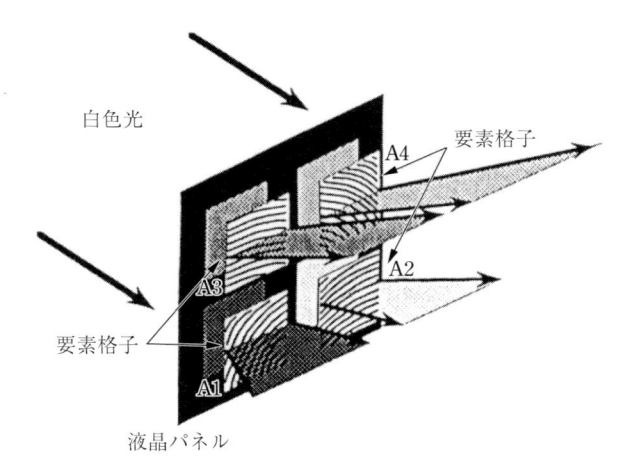

図3.6　グレーティング方式立体ディスプレイ[11]

　また，通常の回折格子の代わりにICの技術を用いてプロセッサ用の集積回路の基板の一部に，液晶層を装荷して作成した並列化液晶パネルと，それを用いた電子的アドレス方式による回折格子の作成および三次元映像の表示システムが報告され，ICビジョン（図3.7）と呼ばれている[15)~17]。電極に電圧が印加されるとその部分の液晶に屈折率変化が生じ，回折格子として働く。この方式は表示速度が速くとれ，また処理時間の高速化も可能であり，また液晶パネルの高精細，大画面化も可能である。

3. 立体映像表示方式（立体ディスプレイの各種の方式）

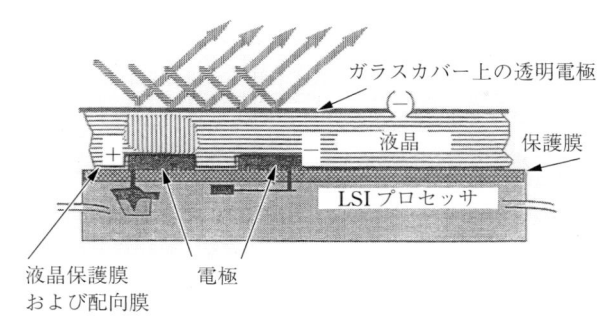

図3.7 ICビジョンの構成[16]

〔9〕 **超多眼ディスプレイ方式**

本方式では半導体レーザあるいは液晶パネルを多数配列し，光学系によりすべての光線を一点に集束させる。さらに対応する光線の1本1本を強度変調することにより立体像表示を実現する方法であり，観察者の瞳の中で二つ以上の視差画像が重なる単眼視差が可能な立体ディスプレイを実現できる方式を，超多眼立体ディスプレイと呼ぶ。

図3.8に示す集束化光源列（focused light array：FLA）方式は半導体レー

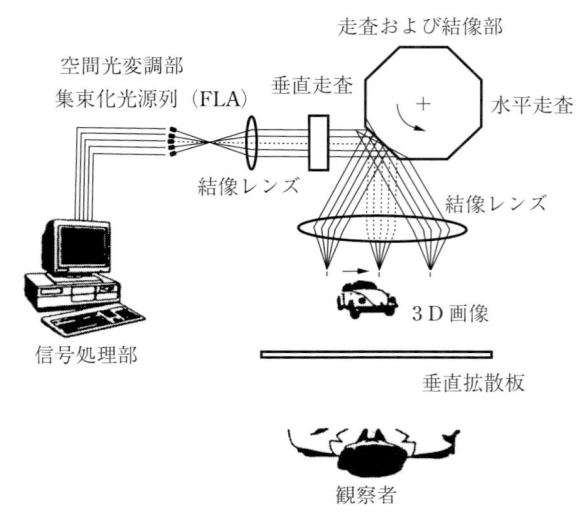

図3.8 集束化光源列（FLA）方式立体ディスプレイ[18]

3.1 多眼式立体動画像表示方式（両眼視差方式）

ザを水平方向に多数配列し，光学系によりすべての光線を一点に集束させる。そして集束した光点を，ミラーを振動させることにより，機械的に水平・垂直方向に走査する。そのとき，それぞれの点位置で，対応する光線の1本1本（それらを光線形成要素と呼ぶが，それらを表示したい像のある方向の1本の光線に対応させる）を強度変調することにより，立体像表示を実現する方法である。現在，45個の光線形成要素（この数が視点数に対応する）を用いて，水平方向400画素，垂直方向400画素で表示サイズは185 mm（水平方向）×125 mm（垂直方向）×200 mm（奥行き）の画像がビデオレートで得られている[18]。今後，画像のボケの改善，カラー化，実写像表示への入力・信号処理対応が課題である。

また，液晶パネルの二次元配置（8×8）により各液晶パネルからの指向性画像を用いて同様の超多眼立体ディスプレイの作成が行われている（図3.9）[19),20)]。これらの両眼視差方式の立体表示は複数の二次元画像だけで立体感を与えられる点から，優れた方式といえる。しかし，立体映像を見ているときの輻輳距離と焦点調節距離が一致せず，長時間画像を見続けると疲労の原因となる。この問題を画像・信号処理などにより解決することが重要な課題と考えられる。

さらに，日立ヒューマンインタラクションラボで試作システムとして開発された，円筒形の立体映像ディスプレイ装置「Transpost」を紹介する[21]。360°どこからでも回り込んで映像を見ることができ，特殊なメガネの着用や，ホログラムのような処理を必要とせず，空中に浮かんでいるような立体映像を楽しむことができる。専用の撮影システムを併用すれば，実写の立体映像をリアルタイムで見ることができ，ネットワークを介して実写映像を送ることもできる。

被写体の周りを囲むように24枚の鏡を置き，鏡に映った映像を，天井側にある4台のカメラで分担して撮影する。この映像を4台のプロジェクタに伝送し，図3.10に示すように24方向から映した映像をまず天板の鏡に投影し，さらにその鏡で反射された映像が回転スクリーンの周りに配置された24枚の鏡

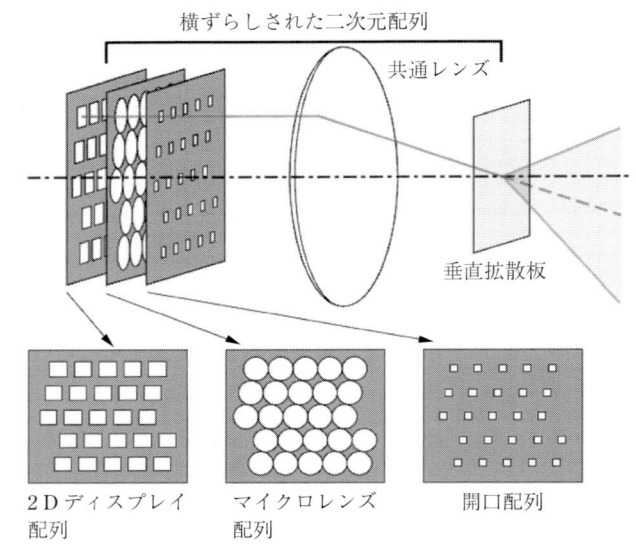

16　　3．立体映像表示方式（立体ディスプレイの各種の方式）

（a）　画面単位多重化による構成図

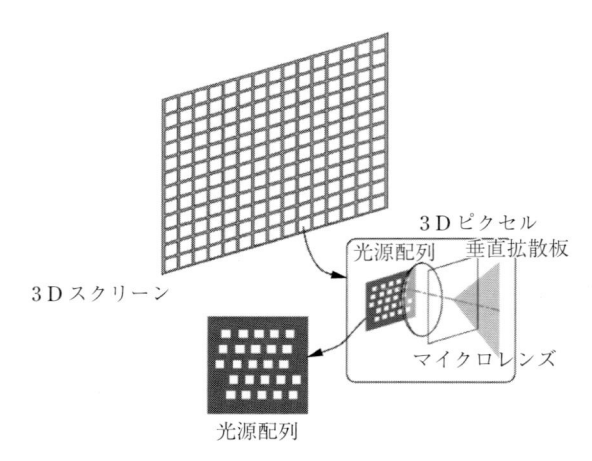

（b）　画素単位多重化による構成図

図 3.9　64 眼式立体ディスプレイ[20]

に投影される。さらに，この鏡で反射して回転スクリーンに投影され，立体映像表示をする原理になっている。

3.2 断層面再生方式　17

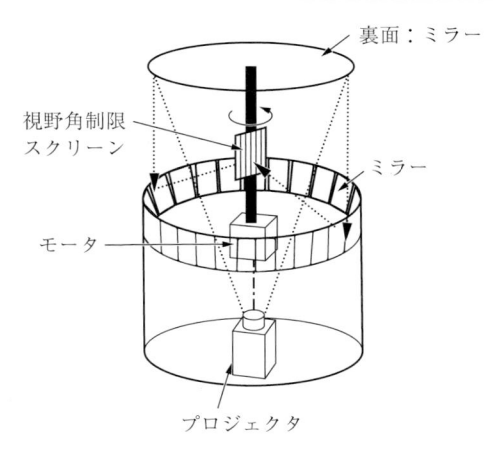

図 3.10　円筒形の立体映像ディスプレイ装置「Transpost」[21]

3.2 断層面再生方式

被写体を奥行き方向の断層像に分割し，それらを空間に再現して三次元映像を再現する手法で，以下のように分類される．
① 体積走査スクリーン方式
② バリフォーカル（可変焦点面）方式
③ DFD（depth-fused 3D）方式
以下に各方式の概要を示す．

〔1〕　体積走査スクリーン方式

図 3.11 に示すようにスクリーンを奥行き方向に移動して断層面を表示する．眼の残像を利用して立体表示を行う[22]．スクリーンの代わりに白色 LED を用いて映像を直接表示する方法も提案されている[23]．

〔2〕　バリフォーカル方式

バリフォーカル（可変焦点）方式については，液晶を高速に動作させるために二周波液晶を用いた液晶レンズによる可変焦点型 3D 表示方式が知られている．3D 物体を奥行き方向に標本化して多数の 2D 画像の集合とし，これらを

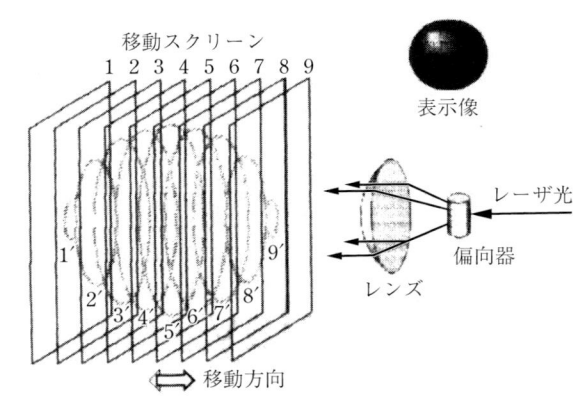

18   3. 立体映像表示方式（立体ディスプレイの各種の方式）

図3.11 体積走査スクリーン方式立体ディスプレイ[22]

再び奥行き方向に再配置することにより3D像を再現する。**図3.12**に示すように液晶レンズの焦点距離を電気的に変化させることにより，2D画像の結像位置を奥行き方向に変化できることを利用している[24]。

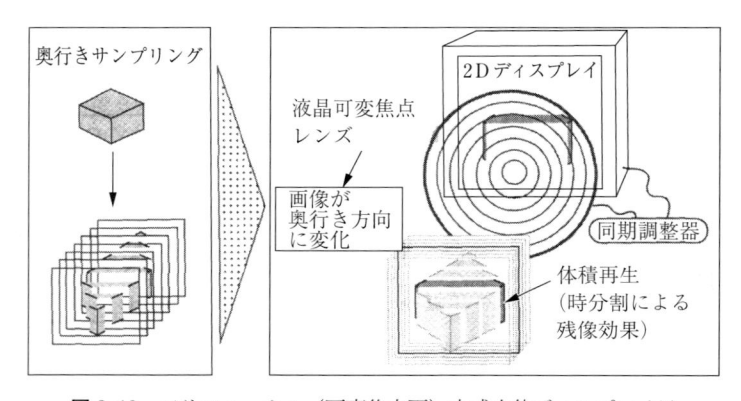

図3.12 バリフォーカル（可変焦点面）方式立体ディスプレイ[24]

〔3〕 DFD 方 式

DFD方式立体ディスプレイは，NTTサイバースペース研究所が提案したもので，奥行き位置の異なる二つの二次元像の輝度比を変化させることで奥行き感を連続的に表現できる奥行き知覚現象（depth-fused 3D（DFD）現象[25]）を用いている。

その原理は**図 3.13** に示すとおりであり，以下のように輝度比を変化させることで，連続的な立体像を観察することができる。

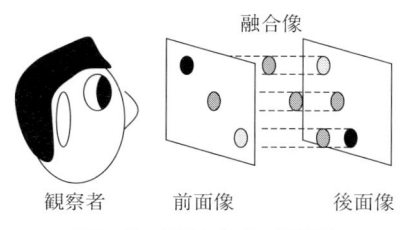

図 3.13 DFD 方式の原理[25]

① 前面像の輝度を高く，後面像の輝度を低くすると，観察者に近い位置で像を知覚する。
② 前面像と後面像の輝度をほぼ同じにすると，2 面の中間の位置に像を知覚する。
③ 前面像の輝度を低く，後面像の輝度を高くすると，観察者から遠い位置に像を知覚する。

DFD 方式では網膜像のエッジ認識により両眼視差を発生させている。**図 3.14** に示すように人間の視覚情報では，物を見るときエッジ（縁）部分に光の強度差が生じ，この刺激を認識することにより，物体がなんであるかを判断していることが知られている。エッジ認識について，エッジの幅に対して，像の横幅が十分に大きい場合には，奥行き位置に知覚されることが検証されてい

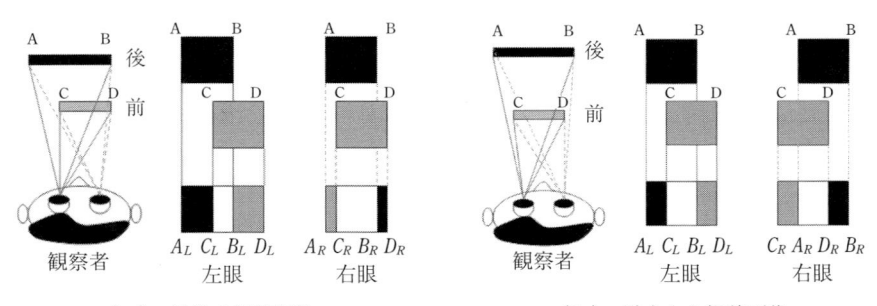

（a）通常の視差画像　　　　（b）融合した視差画像

図 3.14 エッジ部分による立体視[25]

る．図 3.15 にシステム構成の一例を示す．このシステムでは，観察者は前面と後面のディスプレイからハーフミラー上に投影された画像を融合できるように，後面ディスプレイから 233 cm 離れたところから観察する．

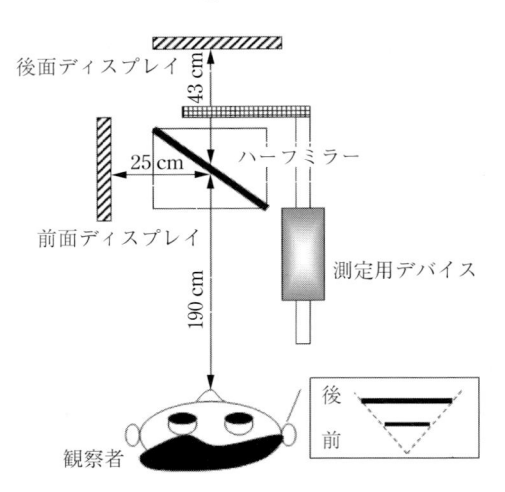

図 3.15 DFD 方式を利用したシステムの一例

3.3 空間像表示方式

これらの方式は，空間に実際に三次元像を結像するもので，人間が三次元物体を認識するときに重要な両眼視差，輻輳，焦点調整，運動視差などのすべての生理的要因を満たしている特徴をもっている．細かい平面を合成する要素方式と空間を体積的に再現するホログラフィー方式に大別される．ホログラフィー方式は 3.4 節に詳しく説明する．要素方式は以下のように分類される．

① インテグラルフォトグラフィー（IP）方式
② 光線再現方式

〔1〕 **インテグラルフォトグラフィー（IP）方式**

IP 方式は，小さな凸レンズアレイを配置し，物体の視差画像を撮影する（図 3.16）[15]．記録時と同一の光学系の背面から視差画像を投影するともとの

3.3 空間像表示方式　　21

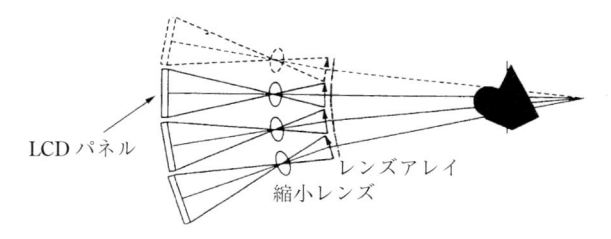

図 3.16　インテグラルフォトグラフィー（IP）方式
　　　　立体ディスプレイ[15]

位置に立体像が再生される。高精細 LCD を多数用いたアナモルフィック光学系を用いた立体像表示方式が報告されている[26]。

　屈折率分布レンズによるレンズ板を用いて三次元立体像を撮像し，カラー液晶パネルとマイクロ凸レンズ板により立体像を再生する IP 方式のテレビジョンシステムへの適用が行われている（**図 3.17**）。IP 方式で問題になる空間の奥行きが逆転した偽像の回避および要素画像間の干渉の除去を屈折率分布レンズを用いて行っている[27]。屈折率分布レンズによるレンズ板およびカラー液晶パネルとマイクロ凸レンズ板の性能向上により今後の画質の改善が期待できる。

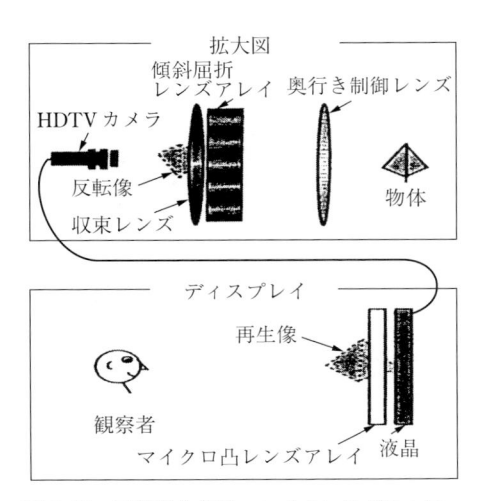

図 3.17　屈折率分布型レンズインテグラルフォ
　　　　トグラフィー方式立体ディスプレイ[27]

3. 立体映像表示方式（立体ディスプレイの各種の方式）

〔2〕 光線再現方式

三次元物体の表面から発散する光束を，光束の広がり方や出射方向を示す光線の交点によって再現することが可能である。この方法により有限の光束から任意の三次元物体の像を再現する方法は光線再現方式と呼ばれている（図3.18）。光線再現方式では，バックライト用画像表示パネルの輝度変調および小開口用液晶パネルの開口位置の変調を用いて，光線群の交点によって任意の奥行きの立体像を再生している[28]。また同様に光線再生方式では，点光源列とカラーフィルタ（LCD）を配置してカラー立体像を再生している[29]。さらに点光源列を白色LEDに置き換えることにより再生像の明るさが改善されてい

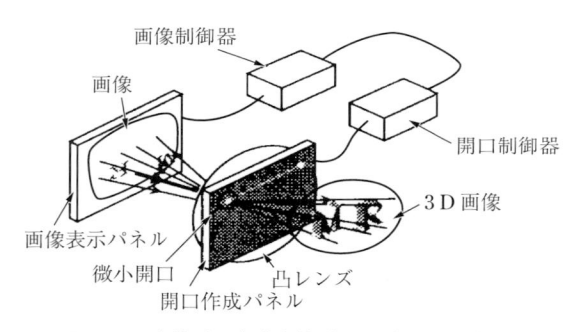

図3.18 光線再現方式立体ディスプレイの原理[28]

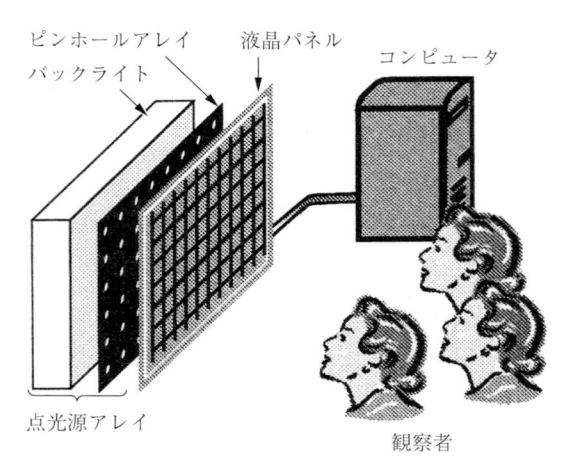

図3.19 光線再現方式立体ディスプレイ[29]

る。これらの方式は装置（図 3.19）も簡単であり，リアルタイム処理が可能なことから有望な方式と思われる。今後再生像のボケの改善が課題と思われる。

3.4 ホログラフィー方式

ここでは，ホログラフィーの原理について述べるとともに，電子ホログラム技術とそれを応用するための技術についての歩みと最近の研究の取組みについておもに述べることにする。

3.4.1 ホログラムの記録・再生

ここでは，ホログラムの記録・再生の考え方をフレネルホログラムにより説明する。図 3.20 に示すように，レーザから得られた光はハーフミラーで 2 方向に分けられ

① 一方の光束は，物体表面に到達して，反射された後に球面波となって記録面に到達する（物体光）。
② もう一方の光束は一様な波となって記録面に到達する（参照光）。

すると，記録面（recorded plane）上で，干渉を起こし縞模様（池に石を投

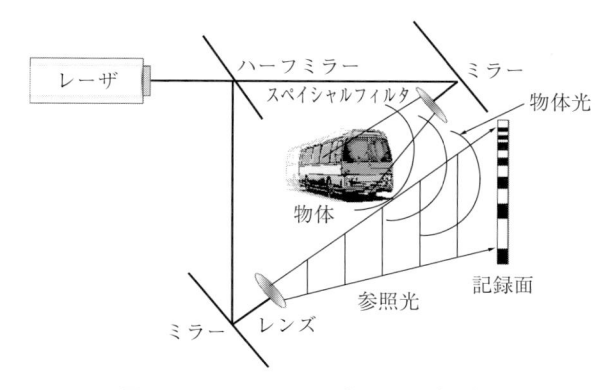

図 3.20　フレネルホログラムの記録原理

じた場合にできる波紋を上から見たものに酷似）が発生する。このとき，記録面に感光剤（乾板やフィルム）を配置しておけば，縞を撮影できる。以上のように縞模様を記録したものがホログラムと呼ばれる。なお，干渉縞の間隔はサブミクロンオーダと非常に細かいために，記録媒体には高い解像力が必要とされる。また，撮影中の微細な振動で干渉縞が崩れてしまうため，除振が必要となる。

また，**図 3.21** に示すように，できあがったホログラムは回折格子なので，記録面に光を当てることで回折が起き，ホログラムの各位置から回折した光がたがいに干渉し，物体の像が再生される。なお，記録面を通り抜けて現れる像（実像）および，記録面で反射して現れる像（虚像）の二つの像が形成される。

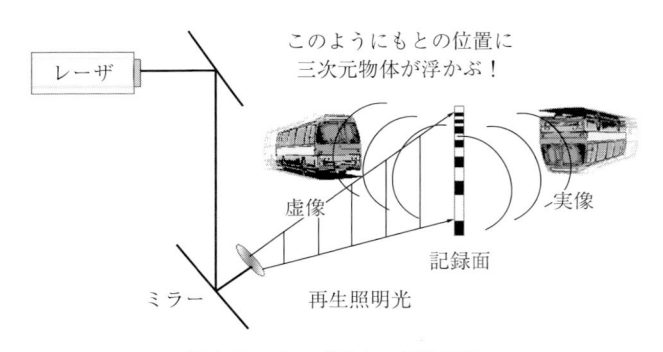

図 3.21 ホログラムの再生原理

3.4.2 デニシュク・リップマンホログラム

デニシュク・リップマンホログラムは，**図 3.22** に示すように比較的透明な厚い感光材料を用いて，立体的に干渉縞を記録したホログラムのことで，これもイメージホログラムの一種である。物体光と参照光をたがいに反対方向から与えて作られたものをいう。この場合，得られる干渉縞（干渉層）の形は，いわゆるリップマンのカラー写真と同様に記録面にほぼ平行であり，また再生時にはブラッグ回折によって三次元像が観測されるので，リップマンホログラムと呼ばれる。このような干渉縞は一定の入射角の参照光に対して波長選択性を

3.4 ホログラフィー方式

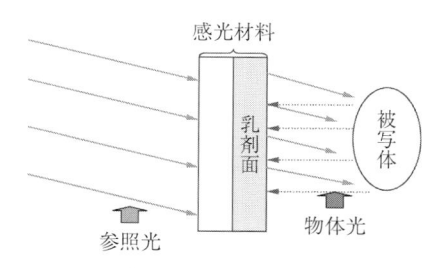

図 3.22 デニシュク・リップマンホログラム
の記録原理

もつ（特定の波長の光だけが選択的に反射される）ので，太陽光のような白色光でカラー像を再生できるのである。

　デニシュク・リップマンホログラムでは，上下左右方向の視差もある，観測位置を変えても再生像の色は変わらない，原理的にホログラムからの反射によって再生像が得られる，ホログラムの厚みが記録時の厚みと異なると干渉縞の間隔と方向が変わる，などの特徴がある。**図 3.23**，**図 3.24** にデニシュク・リップマン型のカラーホログラムの作成用光学系の一例を示す。一般的には，図 3.23 に示すように複数のレーザを使用して多重記録を行うが，同光軸上でRGB の三色光を発振する白色レーザを用いれば，図 3.24 のようにホログラム作成用の光学系を単純化することができる。なお，図 3.24 の BPF は三色光を多重露光する場合にのみ使用し，白色 1 回露光を行う場合は使用しない。白

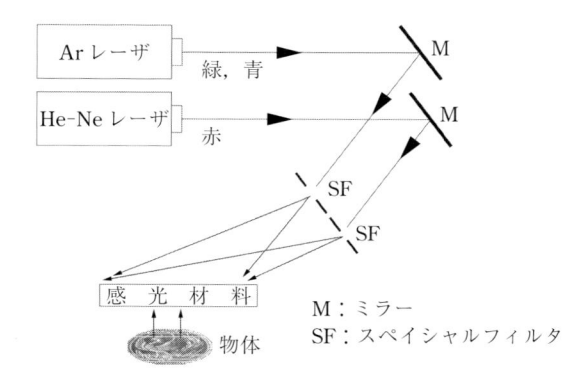

図 3.23 複数のレーザを用いたホログラム作成用
光学系（一例）

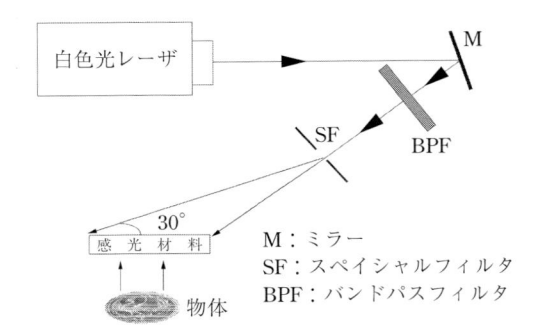

26   3. 立体映像表示方式（立体ディスプレイの各種の方式）

```
白色光レーザ ──────▶   ╲ M
                    ▨
                   SF  BPF

         30°
     感光材料
       ↑↑↑        M：ミラー
       物体        SF：スペイシャルフィルタ
                  BPF：バンドパスフィルタ
```

図 3.24　白色レーザを用いたホログラム作成用光学系

色レーザを用いたカラーホログラムの再生結果の一例を**図 3.25**に紹介する[30]。

（a）被写体　　　　　（b）白色1回露光　　　　（c）多重露光

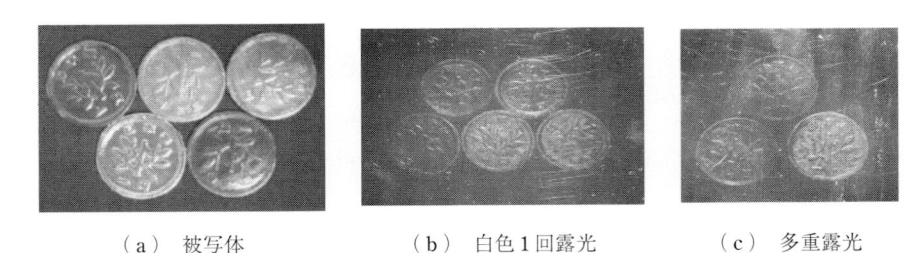

図 3.25　白色レーザを用いて作成されたホログラムからの再生像（一例）

3.4.3　ホログラフィックステレオグラム（H・S）

　視差のある多数の二次元画像から合成されたホログラムのことである。この方法ではメガネなどの補助道具を使うことなく立体に見ることができ，2眼視ではなく多眼視となるので眼を移動させることにより，さらに自然な立体感を感じることができる。大きな特徴として H・S は三次元像を記録するのではなく，二次元像を寄り合わせていくということである。つまり直接ホログラムとして記録することが困難なものでも，フィルムなどの二次元画像に記録することができれば被写体の大きさや材質などにとらわれることなく，像の拡大縮小も自由にホログラムで作成することができる。H・S 記録用光学系の一例を**図 3.26**に示す。

3.4 ホログラフィー方式　27

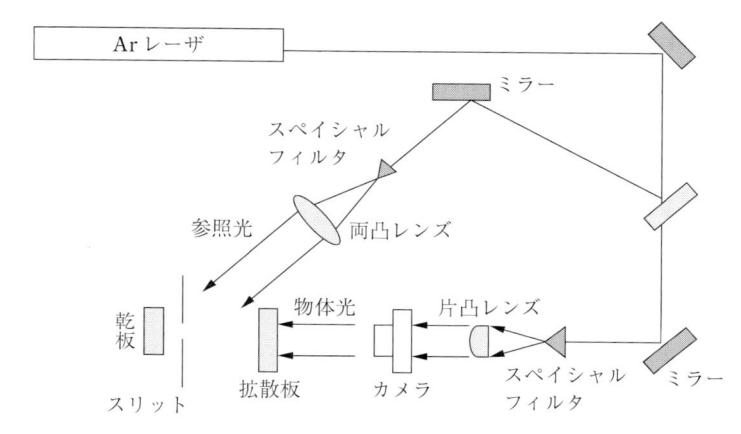

図3.26　H・S記録用光学系の一例

図3.27にH・Sから得られた再生像の一例を紹介する[31]。

（a）　入力パターン　　　　　　　　（b）　再生像

図3.27　H・Sから得られた再生像の一例

3.4.4　計算機ホログラム

強力なレーザを照射することが不可能な物体や実際には存在しない架空物体を，計算機の数値計算処理によりホログラムに変換する，すなわち，電子的に撮影する方法を総称して計算機合成ホログラフィーという。すべての処理が計算機上でなされるので，つぎの点が長所としてあげられる。

① 撮影用のレーザが不要である。これは，レーザ光のパワーやコヒーレン

スなどの影響を考慮しなくてよいということを意味する。②実時間ホログラフィーのような除振が不要である。③受光素子によるノイズの影響が少ない。④再生過程を計算機シミュレーションによって行うことが可能となる。

しかし、その一方で光学撮影のようなアナログ的、すなわち連続性をもつ物体の再生を行うことは困難となる。なぜなら、計算機では波面を離散的に形成するからである。すなわち、光学撮影のような微細な情報を再生しようとするとサンプル数を多くとることになるため、ホログラム作成時間（計算時間）が長期化することになる。計算機合成ホログラムは、ホログラムパターンを計算する際に適当な参照波を仮定し、二次元振幅ホログラム計算機上で作成するものである。そこで、これまで検討されてきた手法について述べる。

〔1〕 フーリエ変換法

これは、Brown-Lohman らによって提案された手法である。ホログラム全面を多数の微小正方形要素（セル）に分解し、各セル中に1個の開口を設け、その開口の形状、面積、位置を変調することにより、ホログラム面における再生波面の複素振幅を記録したものである。

〔2〕 位相量子化ホログラム

位相量子化した計算機ホログラムは、振幅を一定とし、位相成分のみで干渉縞を構成するものである。この方法によれば再生効率が非常に高くなる。このようなホログラムをキノフォームと呼ぶ。長所として

① 位相変調のみなので回折効率がよく、明るい再生像が得られる
② 計算過程において高速フーリエ変換（FFT）が使用できるので処理が速い

があり、記録時における振幅分布の均一化の精度により表示像の画質が決まる。

〔3〕 参 照 波 法

二次元振幅ホログラムのパターンを忠実に記録するものである。振幅変化は透過率変化によって与えられ、位相変化は格子間隔によって与えられる。しかし、サンプリング条件や表示デバイスの非線形性の影響により、精度のよいホ

ログラム面を形成させることは容易ではない。

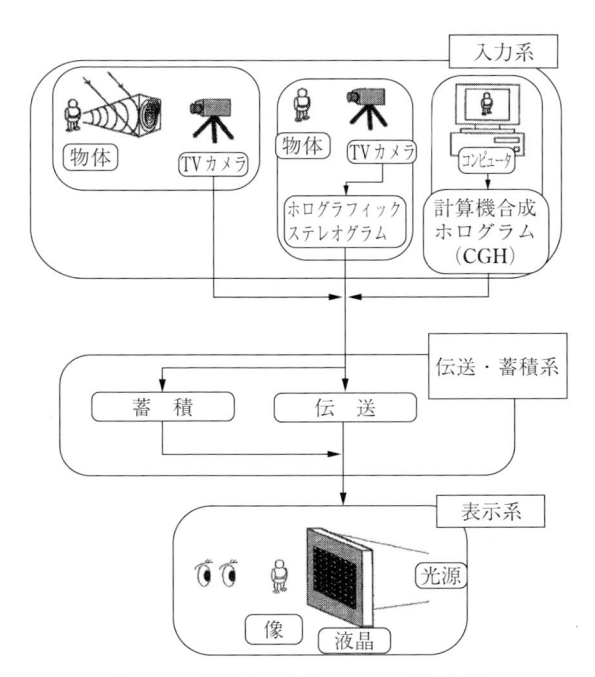

3.4.5 電子ホログラフィー
〔1〕 電子ホログラフィーの原理
（1） **電子ホログラフィーの基礎概念**　電子ホログラフィーの基礎概念は，図 3.28 に示すようにホログラム情報の入力（生成），伝送，記憶，表示（出力）系に分類することができる。そこで，ここではエレクトロニクスの技術を用いて，電子的な手法によりホログラムを作成または再生する技術を総称して電子ホログラフィー（electro-holography）と呼ぶ。静止画については，現在までにかなり良質のものが作られ，立体表示技術として種々の分野に応用されている。また，ホログラフィーアニメーションなども人気が高いが，それらはあくまで写真の世界である。しかし，写真が映画になり，電子技術と融合

図 3.28　電子ホログラフィーの基礎概念

してテレビジョンが生まれたように,はじめ写真術としてのホログラフィーも映画が作られ,さらにホログラフィーテレビジョンへと関心が広まり,最近ではホログラフィーテレビジョンに関する研究が活発に行われている。

ここでは,電子ホログラム技術とそれを応用するための技術についての歩みと最近の研究の取組みについておもに述べることにする。

(a) 入力（生成）　入力系は,実在の物体を対象とする場合は,光学的ホログラムの作成と同様に物体からの散乱光と参照光との干渉縞の作成を行うもので,CCDカメラにより直接干渉縞を入力し電気信号に変換する。あるいは直接ホログラムとして撮影できないものは,一度カメラにより撮影し,その後光学的にホログラムを作成するものでホログラフィックステレオグラム方式と呼ばれている。これとは別に,架空の物体を対象とする場合は,計算機によるホログラムの合成（computer generated hologram：CGH）による方法が用いられている。ここでは,CGHおよび光学ホログラフィーに適用可能な三次元画像の入力方法を述べる。

CGHに適した入力法　CGHでは物体点の集合からホログラムを構成する。ここではCGHに適した三次元物体の入力方法を述べる。一つの方法としては,格子パターン投影による立体形状計測法は三次元物体に格子状のパターンを投影し,このパターンを投影方向とは異なった位置で観測し,得られた格子パターンの変形により物体の基準面からの距離を三角測量の原理によって計測する手法が考えられる[32]。しかし,この方法では物体形状の計測が非常に複雑になるため,後述するスリット光を用いた方法が検討された。この方法は,スリット光を物体に入射すると,スリット像は物体面上で曲げられ,その面特有の傾きを示すこと（**図3.29**（a）[33]）を用いており,得られたスリットパターンの端点から幾何学的な方法によって面の傾きを求め,立体形状を比較的容易にかつ,精度よく計測することが可能である。この考え方を用いたカラースリット追跡システムを図3.29（b）[34]に紹介する。カラースリットを用いることで,投影されたスリットパターンの対応付けが可能となり,高精度な計測が可能となる。

3.4 ホログラフィー方式

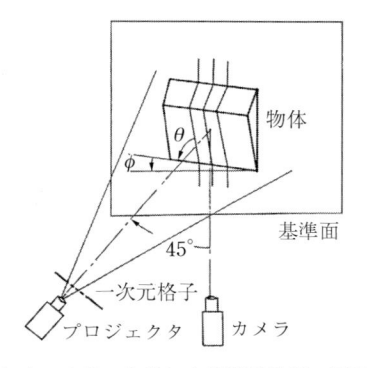

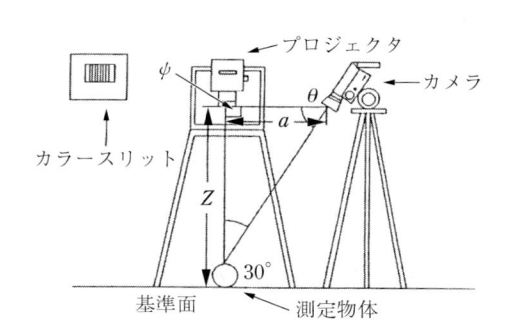

(a) スリット光による形状計測の原理　　(b) 形状計測のシステム構成(一例)

図3.29　CGHに適した三次元画像入力法

光学ホログラフィーに適した入力法　通常の光学ホログラムと同様に,物体光と参照光との干渉からホログラムを生成する手法として,初期にリアルタイムホログラフィーが考案されている。これは光学ホログラムにおける感光材料(乾板,フィルムなど)をイメージセンサに置換することで行う(図3.30)[35]。しかし,この方法では撮像系の振動や空気の揺らぎにより,記録されるホログラムに位相ずれが発生し,像コントラストが低下するという問題がある。近年,イメージセンサによりホログラムの記録を行い,電子情報として画

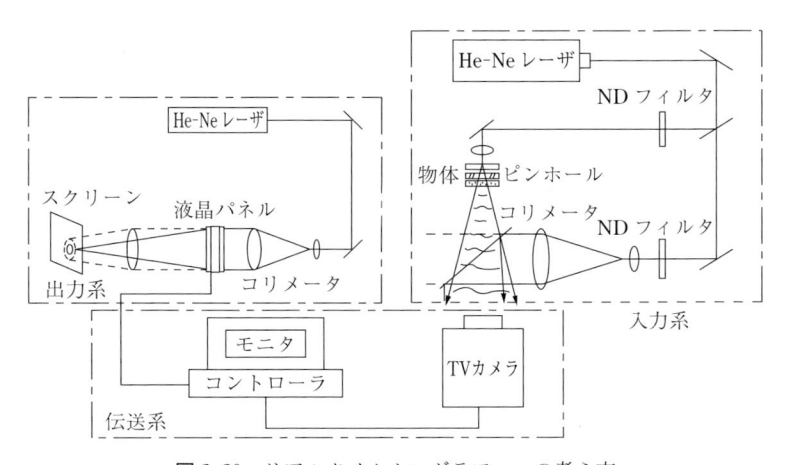

図3.30　リアルタイムホログラフィーの考え方

像処理を行う技術（ディジタルホログラフィー）が活発に研究されている。写真乾板に比べイメージセンサの解像度は 1% 程度であるが，位相シフトディジタルホログラフィーによりインライン化が可能となり，高画質化が可能となっている[36)~38)]。

（b）**伝送・蓄積** いずれの場合も電子的な信号として NTSC 方式などにより伝送されたあとに，ホログラム情報として表示装置に出力される。また必要に応じて外部記憶装置に記憶される。さらに膨大なホログラムの情報量に対処するための情報圧縮技術が必要となる。いずれの場合も，伝送された電子的な信号により，高精細な表示装置に出力されたホログラムパターンから再生光により直接三次元の像を再生する。

（c）**ホログラム表示** 表示デバイスとしては高解像度の空間光変調器（SLM）が用いられる。ホログラムの干渉縞を表示するための十分な解像度をもつ必要がある。現在までに液晶空間変調器や音響光学変調器（AOM），微小ミラーデバイス（DMD）などが用いられている。

（2）**電子ホログラフィー研究の歴史** 立体 TV を目指したホログラムの研究は 1966 年にベル研究所の Enloe らによって初めて行われた。彼らは目標を「静止画」，「平面波」，「白黒」，「透過像」にまで下げ "BELL" 4 字の伝送に成功した（図 3.31）[39)]。

しかし，ふさわしい表示デバイスが当時はなかったため，CRT モニタに表示された干渉縞を写真撮影しフィルムに縮小してレーザにより再生を行っている。しかし立体 TV を目指した最初のホログラム伝送実験としての意味は大きい。その後も立体 TV を目指したホログラムの研究は行われたが，電気的な信号により表示が可能な高精細な表示デバイスが見つけられなかったこと，ホログラフィー情報量が膨大であったことなどのために，動画再生は難しいとされていた。しかし入出力デバイスやコンピュータの処理能力の向上を背景に，電子ホログラフィーのための手法が 1990 年に Benton らにより考案され，再び電子ホログラフィーの研究が活発に行われるようになった。

日常生活に欠かせないテレビにとっても情報提供のメディアとして，臨場感

3.4 ホログラフィー方式　　33

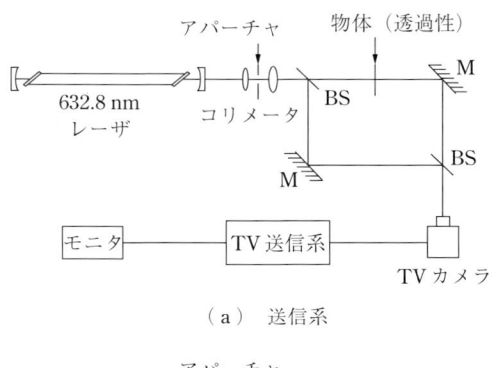

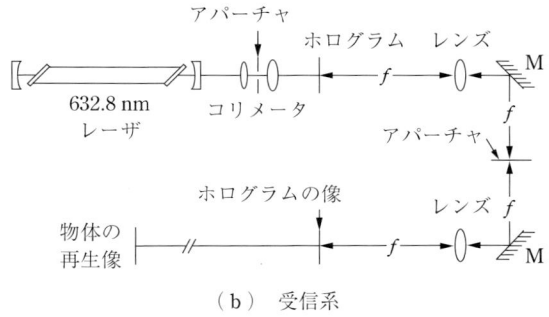

図 3.31　ベル研究所の Enloe らによって行われた実験[39]

の高い立体映像が要求されるようになってきた．また，液晶パネルに代表されるディスプレイ技術の急速な発展とコンピュータの処理能力の目覚しい進展は立体映像への期待を大きくした．そのような状況の中から電子ホログラフィー研究の芽が育ち始めた．

(a) 第1ステップ　1988年に国内において動画ホログラフィー研究会が発足し，ホログラフィー映画や立体 TV の実現に必要なデバイスや方式について調査研究が始められた（本研究会は後に電子情報通信学会・動画ホログラフィ時限研究専門委員会として活動）．1990年には SPIE（国際光工学会議）において MIT メディアラボの Benton らによって音響光学変調素子（acoustic optical modulator：AOM）を用いた電子ホログラフィーの発表が行われた[40]．このすばらしいニュースで電子ホログラフィーの研究に拍車がかかった．Benton らによって開発された方式は，**図 3.32** に示すようにコンピュー

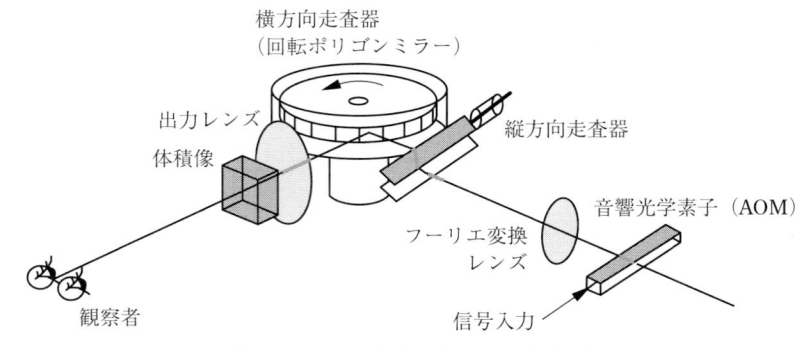

34   3. 立体映像表示方式（立体ディスプレイの各種の方式）

図 3.32 AOM 方式によるホロビデオ[40]

タにより生成された三次元データによりホログラムを合成する方式である[16]。さらにホログラムの表示には音響光学変調器（AOM）を用い，微小なホログラムを拡大するために水平走査をポリゴンミラーで行い，また垂直走査をガルバノミラーを用いて行うものであり，3 チャネルの AOM を用いてカラー像再生を行っている。

開発当初は，ホログラフィーによる再生像は 30×30 mm 程度であったが，その後 18 チャネルの AOM を用い，また，ポリゴンミラーの代わりに，6 個の可動ミラーを用いることにより 60×70 mm 程度まで大きな像が得られており，視域角 38° 程度まで大きな視域をもった再生像が得られている[40]。

（b）**第 2 ステップ**　　一方，1991 年 2 月の SPIE でシチズン時計が高精細な液晶パネル（電子ディスプレイ）を表示装置として用いる方式によるホログラフィーテレビを発表して話題を呼んだ。国内では最近ますます高精細化がなされている液晶表示デバイスを用いて動画ホログラムを作成しようとする研究が活発に行われた。液晶表示デバイス（LCD）は偏光による光の強度変調だけでなく，光の位相変調も可能であり，そのためにホログラムのような波面再生にはたいへん適したデバイスであり，また日本の企業で高精細な液晶パネルが開発されていることから，日本の研究機関で多くの提案がなされている。

AOM による方式が機械的な走査を用いているのに対して，電子的な走査を用いている液晶表示デバイスの場合は，高速性や安定性の点で優れているため

3.4 ホログラフィー方式　35

である．各種の電子ホログラフィーの方式について実験システムの構成および動作原理などについてごく簡単に述べる．

　光学的ホログラムの作成と同様に，**図 3.33**[15] に示すように実物体に対しては反射物体を対象とし，物体からの散乱光と参照光との干渉縞の作成を行う．さらに，CCD カメラにより直接干渉縞を入力し電気信号に変換する．さらに，電子的な信号として NTSC 方式により伝送した後に，液晶表示パネル（LCTV-SLM）上で，ホログラム干渉縞に再生光を照射するともとの三次元の像が再生される．

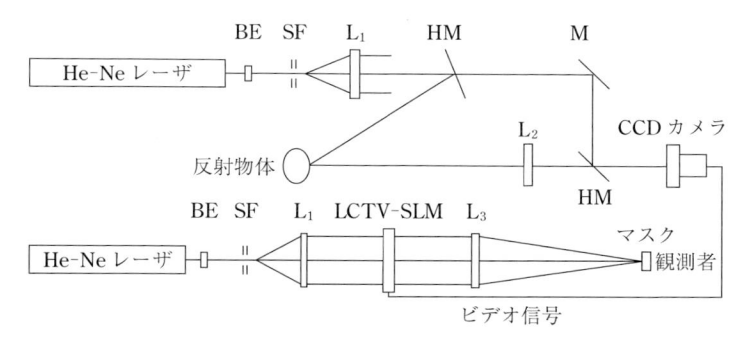

図 3.33　リアルタイムホログラムの光学系[15]

　市販のプロジェクタ用高精細液晶パネルを用いた同様の報告が，国内の学会においても同時期に報告されている[15]．例えば，計算機合成ホログラム（CGH）の手法により，フーリエ変換を用いて波面の変換を求め，得られた波面の位相分布を液晶パネルの屈折率の変化として表示する方式（キノフォーム：kinoform）により立体動画像の再生が行われている（**図 3.34**）．その際に3枚の液晶パネルを用いることにより各色分解された立体像を重ね合わせることにより**図 3.35**に示すカラー動画像が得られている[41]．

　さらに，コンピュータで合成されたホログラムの振幅と位相データを，別々の液晶パネル（LC-SWM）に表示して三次元映像を再生するような**図 3.36**に示す方式が提案されている[15]．また，液晶パネルを水平方向に多数空間的にずらして配置し，再生像の視域を拡大する方法が行われている．この方法では

36　　3．立体映像表示方式（立体ディスプレイの各種の方式）

図3.34 カラー立体動画像表示システム

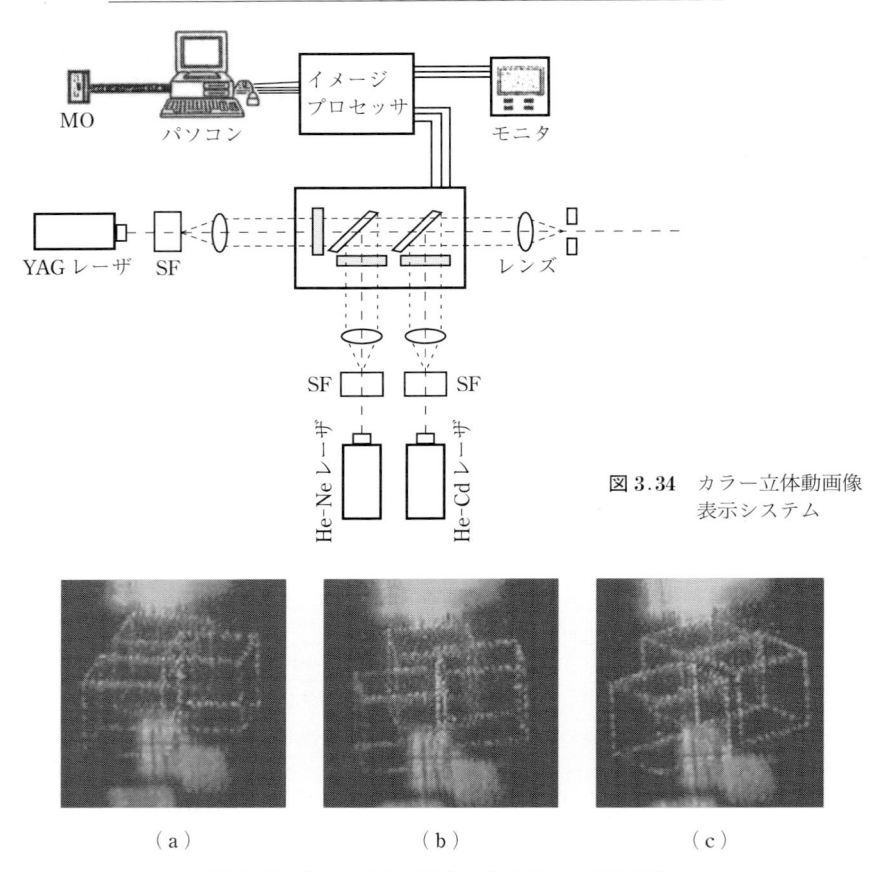

（a）　　　　　　　　（b）　　　　　　　　（c）

図3.35 本システムで得られたカラー立体動画像

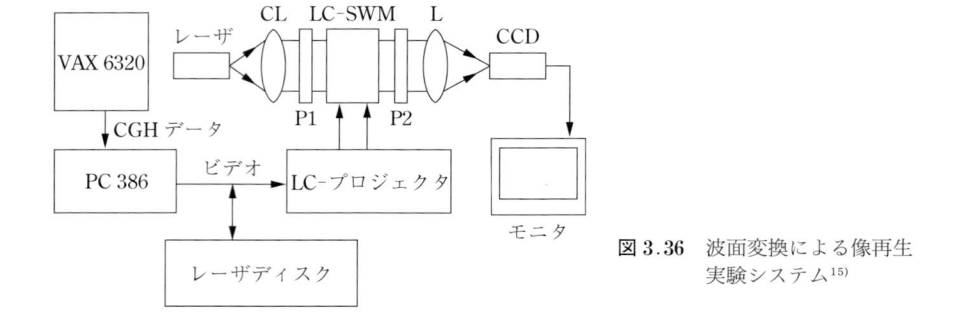

図3.36 波面変換による像再生実験システム[15]

図 3.37 に示すように縦方向の視差を犠牲にすることにより，再生像の大きさおよび視域を拡大する方法が検討されている[15]。またこの場合，再生像面の近くに視野レンズを置くことによって観察距離を近くできることを示している。

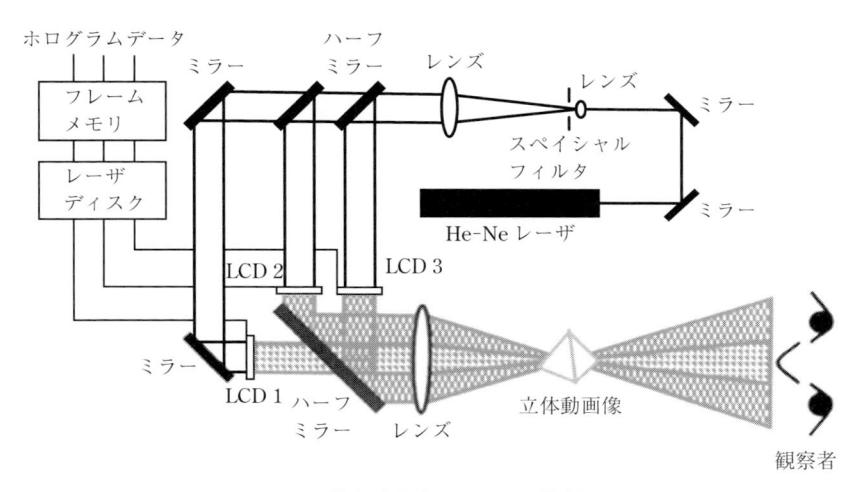

図 3.37 複数液晶表示システム構成図[15]

（c） **第 3 ステップ**　1992 年に通信放送機構（TAO）において立体動画像通信プロジェクト（3D プロジェクト）が立ち上がり，本格的な動画ホログラフィーの研究がスタートした。ホログラム表示用の専用の高精細で大画面の液晶表示デバイスが試作され，コンピュータとの接続が行われた[42]。液晶パネル（図 3.38）を空間的に多数配列することにより大画面化が検討されている[15]。ここでは得られる像の大きさは 1～2 cm² 程度であり，今後高精細で大画面の液晶パネルの開発が必要となる。すなわち，像を観察できる視域角は液晶表示パネルのサイズに比例し，また再生像の大きさは液晶パネルのピクセルの細かさに比例するためである。液晶パネルの大画面化に関しては液晶パネルを多数配列することが行われている。また，高精細化に関しても，現在 TN 液晶を用いて，全体のサイズが横 89.6 mm×縦 53.8 mm でピクセル数が横 3 200×縦 960 ピクセル（横 28 μm×縦 56 μm）の液晶パネルが開発され，ホログラムを表示するためのフレームメモリの設計が行われた。

3. 立体映像表示方式（立体ディスプレイの各種の方式）

☆画素の大きさ
  28 μm(H)×56 μm(V)

☆画素数
  3 200(H)×96(V)

☆TN タイプ液晶

☆MN アクティブ駆動

図 3.38 使用された LCD パネルの外観[15]

作成された実験システムは**図 3.39** に示されるように，5 枚の液晶パネルが空間的に水平方向に配列されている[15]。その場合に得られる再生像の大きさは 50×100×50 mm となる。また視域は 65 mm であった。この表示デバイスによる再生像に関しては，再生像の動きも滑らかでかつ立体感や視域もある程度得られたが，装置の調整がたいへんであったこと，また装置が非常に大きくなり実用的なものとはならなかった。しかし，これらの表示方式では，走査系はすべて電子的に行われるために高速化が可能であり，また機械的な振動がないために安定な動作が得られるなどのシステムの性能からみた場合，一定の評価は得られたと思われる。ただし，実用的なシステムとするためには新しい方式など別の視点が必要とされた。

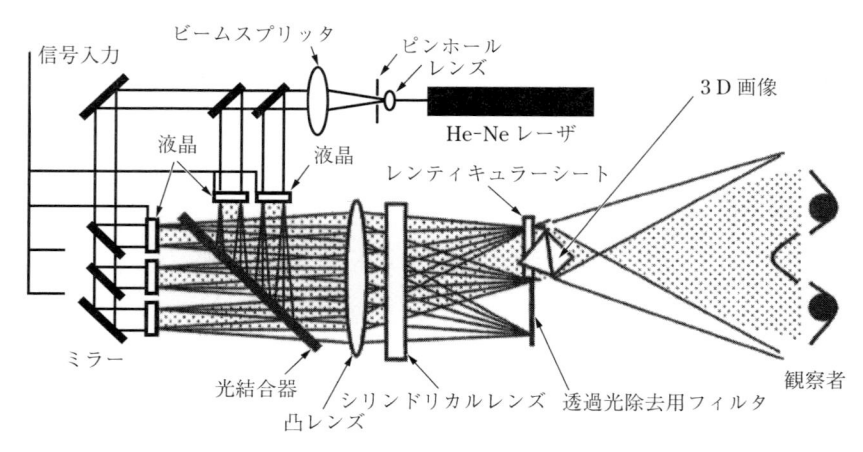

図 3.39 5 個の LCD を用いた電子ホログラフィーシステム[15]

3.4 ホログラフィー方式

〔2〕 電子ホログラフィー研究の技術的取組み

(1) 表示画面の高精細化

(a) **反射型液晶パネル**　LCDの高精細化はさらに進んでおり，通常のLCDパネルは透過型のものが用いられているが，最近，図3.40に示すような反射型のLCOS（liquid crystal on silicon）が高精細化の観点から注目されている。すなわち液晶の駆動回路を半導体基板に直接組み込み，その上に電極および液晶を装着する構造となっている。現在までに10 μm程度のLCDパネルを用いた像再生が行われている[43]。現在の要素技術の延長で将来的には数μm程度のLCDは実現可能であろう。この方法は液晶パネルの高精細化および並列化による大画面化が可能であり，今後の発展が期待される。

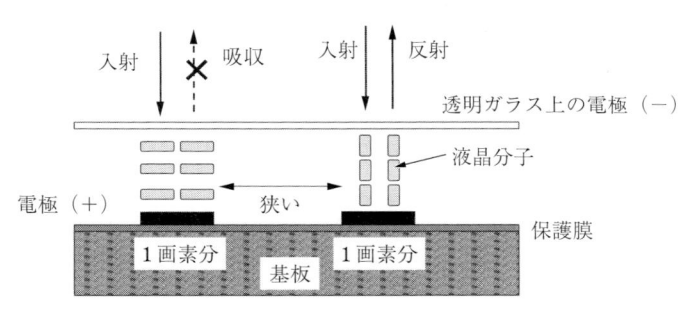

図3.40　反射型LCDを用いた電子ホログラフィー[43]

(b) **DMD**　図3.41に示すような，基板上の微小なアレイ状の電極の上に，弾力性のある物質を装荷し，さらに表面に金属ミラーを蒸着して作成した微小な可動ミラー光変調器（digital micromirror device：DMD）の使用も有力であると考えられる。DMDには，透過型LCDなどと比較して光利用効率が優れているという利点がある。LCDの光利用効率は1～2%に対して，DMDパネルの光利用効率は開口率89%，デューティ比92%，ミラー反射率88%，回折効率85%の積となり，全体で61%となっている。

現在ハイビジョン用のDMDがすでに開発されている。DMDを用いた画像再生も行われている。最近のTI社のDMDでは，その仕様は2 048×1 152画素，画素ピッチ16 μm程度のものが開発されている[44]。

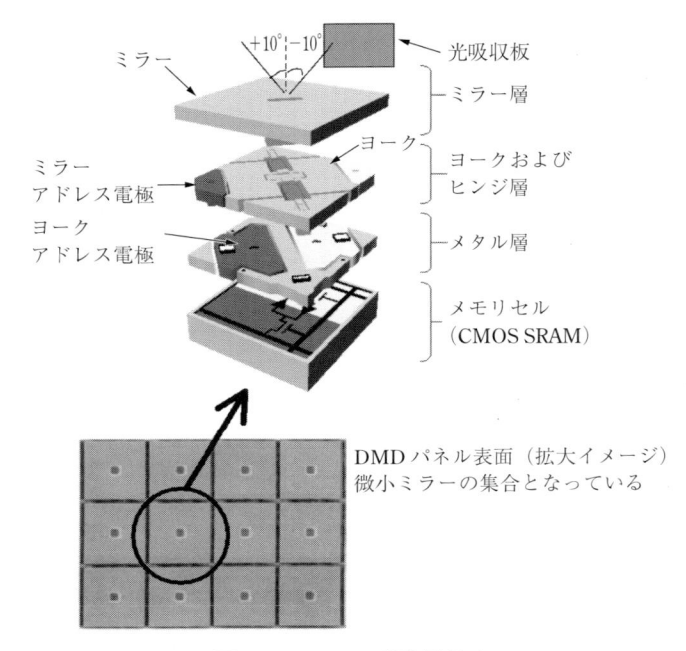

3. 立体映像表示方式（立体ディスプレイの各種の方式）

図 3.41 DMD の動作原理[44]

（c） **PAL-SLM** 光アドレス型の反射型空間光変調器としての PAL-SLM は，光アドレス材料としてアモルファスシリコン（a-Si：H）を，光変調材料として平行配向のネマティック液晶を用いている。また，PAL-SLM は高反射率の誘電体多層膜ミラーにより入力側と出力側が分離され，高い増倍率を得ることができる。

図 3.42 に示すように，透明電極を付けた，2 枚のガラス基板の間に，アモルファスシリコン（a-Si：H），誘電体多層膜ミラー，および液晶を挟んだ，サンドイッチ構造をしている。使用時は，アモルファスシリコン側に書込み光を，液晶側に読出し光を入射する。書込み光のない状態では，アモルファスシリコン層のインピーダンスは非常に高くなっているので，ここで電圧を透明電極間に印加しても，液晶層に与えられる電圧はわずかである。つまり，書込み光がなければ液晶分子はわずかしか動かない。つぎに書込み光を与えると，アモルファスシリコンのインピーダンスは下がり，液晶に加わる電圧は書込み光

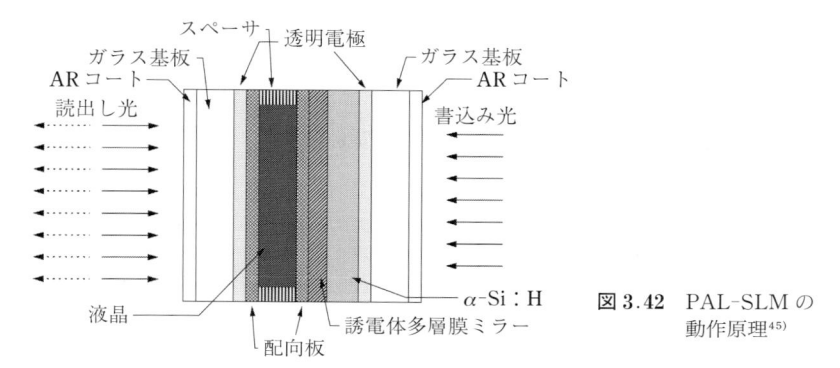

図 3.42　PAL-SLM の動作原理[45]

の強さに応じて上昇し，液晶分子が動いて変調が行われる．位相変調を決定する回折効率が 33.9% と高いという特徴がある[45]．

光アドレス型の反射型空間光変調器としての PAL-SLM を用いた立体像表示システムの構成例を**図 3.43**に示す．PC より電気信号として PSIIS モニタ（高輝度な赤色 CRT）にキノフォームパターンが入力される．すると，PSIIS に画像としてキノフォームパターンが表示され，これが PAL-SLM への書込み光となる．一方，He-Ne レーザから射出された光はコリメータレンズにより平行光となった後，PAL-SLM に読出し光として入力される．

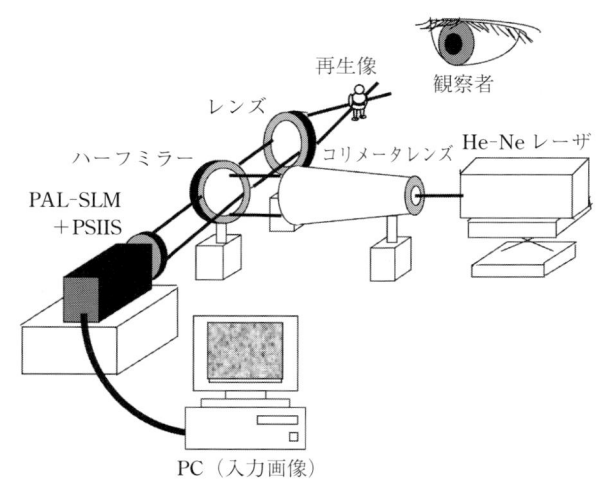

図 3.43　PAL-SLM を用いた立体像表示システムの構成

図 3.43 のシステムで表示された再生像の一例を**図 3.44** に示す。この例では，書込み光と読出し光の強弱によりどの程度，再生像特性が変化するかを示したものである。書込み光（I_W）と読出し光（I_R）が同程度の場合に，良好な像特性が得られている[46]。

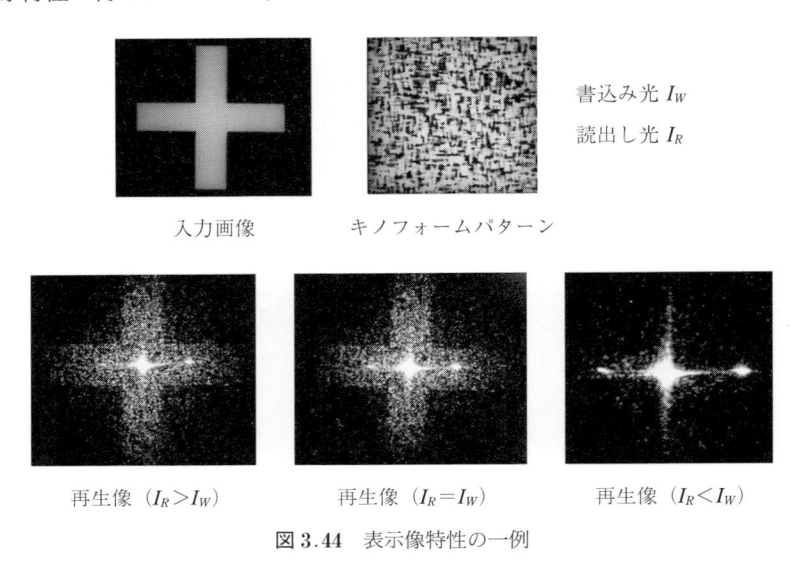

入力画像　　キノフォームパターン　　書込み光 I_W　読出し光 I_R

再生像（$I_R > I_W$）　　再生像（$I_R = I_W$）　　再生像（$I_R < I_W$）

図 3.44 表示像特性の一例

（2）　大画面化　　液晶パネルを多数空間的にずらして配置し，再生像の視域を拡大する方法で大画面化が可能である[15]。最近のめざましいパソコンの性能向上により PC クラスタによる液晶プロジェクタを用いた高精細大画面化が行われている。すでに 4×6 のプロジェクタを同時に制御するシステムが構築されている。光学ホログラフィーと電子ホログラフィーの組合せによる大画面化も映像表現としての可能性を示している。

（3）　視域拡大（再生像空間領域制限法）　　液晶パネルの大画面化，高精細化によるほかに視域を拡大する方法として液晶パネルからの高次像を制限することにより共役像を取り除くことにより視域拡大を行っている。

（4）　接眼方式ホログラフィー　　現在入手可能な液晶表示パネルを用いてホログラムを再生させた場合，十分な視域を確保することが難しい。また，得

られた再生像は小さい。これらの改善方法として，接眼レンズを用いて実像の拡大と観察距離の短縮を行うために接眼方式立体ディスプレイについて再生像の焦点調節に関する検討が行われている。

　液晶ディスプレイを用いたホログラフィック立体テレビにおいては再生像の視域および再生像の大きさは液晶ディスプレイの大きさおよびピクセルの細かさに比例する。しかし，現在市場で入手できる液晶パネルを用いて十分な視域を得ることは困難である。そのための対策として焦点調節が可能な接眼レンズを用いることにより短い観察距離で大きな再生像を得ることができ，また観察者の眼の位置を固定することにより大きな視野を得ることができる接眼レンズ方式ホログラフィー立体ディスプレイについて再生像の特性に関して検討が行われている[47]。また**図3.45**に示す，ミラーを視点に追従させて回転させる（図（a）），液晶のスイッチをON-OFFする（図（b）），などにより視点追従を行った方式についても研究が行われた。

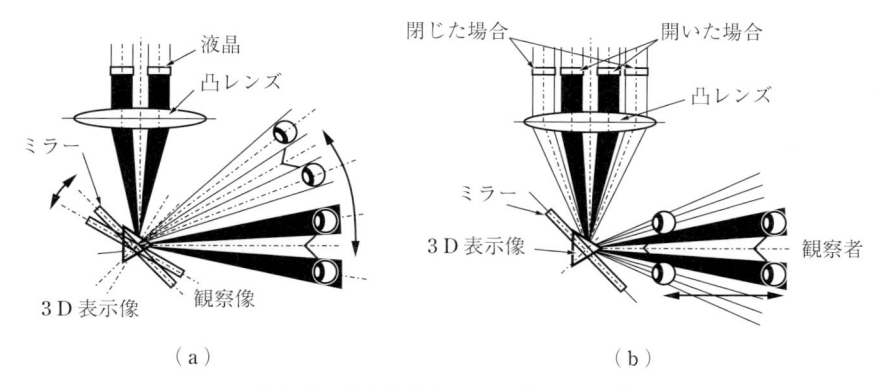

図3.45　視点追従方式ホログラフィー[15]

（5）　スクリーン法　　立体像を再生するための立体スクリーンが検討されている。すなわち，ホログラムからの再生像をSBN結晶中に記録し，同時に参照光を照射してホログラム記録を行うとほぼ同時に像再生を行う方式である。再生像の視域角を大きくすることができるために視域拡大が可能となる。あるいは4.11節に示すように空間に霧状の水粒子を噴霧し立体スクリーンと

して用いる方法が提案されている[48]。すなわちレーザ光により再生された実像を水粒子により散乱して像再生を行うもので、散乱角に比例して視域角を30°程度まで拡大している。

（6）**計算の高速化**　リアルタイムな電子ホログラムを実現するためにはホログラム計算を高速に行う必要がある。現在までにDSPなどを用いた高速計算[16]，時分割表示方式すなわち物体点のさまざまな位置からの波面による干渉縞を順次計算し時分割で表示することで、最終的には対象物体からくる光の波面をすべて表示する。またフレーム分割表示方式すなわち物体点をいくつかの領域に分割して計算する方式などが行われている。

最近では動画の各フレームに対してフレーム間の差分をとることにより、フレーム間の異なった部分のみホログラム計算を行うことにより計算時間を短縮する方法が提案されている[49]。また、ホログラム面の各領域によりホログラム計算が独立に行えることを利用してネットワーキングによる複数コンピュータによる並列演算処理が行われている。ファイルを一括管理するコンピュータをサーバとして、最大64台のワークステーションにより、ホログラムサイズ，物体点数およびワークステーションの台数をパラメータにとって計算時間の比較検討を行っている。また並列処理プロセッサを用いた計算処理の高速化などが行われている。

（7）**情報圧縮**　液晶パネルで表示できる干渉縞の標本点数 P は $P=(2WD)^2$ である。ただし，W は空間周波数，D はサイズとする。通常のテレビ程度の大きさで数十GHzの標本点数を必要とする。したがって，情報量低減が必要となる。これまでもいくつかの情報量圧縮の方法が提案されている。

（8）**HMD方式**　HMD（ヘッドマウントディスプレイ）による立体テレビの実現と関連して、虚像再生方式によるホログラフィー立体動画像再生の検討が行われている[50]。実際にはCGH作成の際に参照光を点光源として計算する。反射タイプの光学ホログラムの像再生と同様に，ホログラム乾板を通して反対側に虚像を再生する方式で，ホログラムと観測者の距離を短くできる。視点を移動する必要がないため広い視域がとれるメリットが考えられる。

（9） 白色光像再生　　これまでは液晶パネルを用いた電子ホログラムのカラー像再生には RGB 3 本のレーザが用いられてきた。しかしホログラフィーを用いた立体テレビをカラー再生や自然画の再生に対応できるようにするために白色光再生技術が望まれている。また光源にレーザを用いた場合，再生像の周辺にスペックルノイズが発生し，自然な立体像の再現を損なうことになる。白色光源と液晶パネルを用いたイメージホログラム化による像再生が報告されている。

（10） カラー化　　動画ホログラムのカラー化に関しては以前 RGB の 3 本のレーザを用い，3 チャネルの AOM あるいは液晶パネルを用いたカラー化が行われた。最近ではハロゲンランプや白色 LED などの白色光源と液晶パネルを用いて，比較的よい結果が得られている。これらの結果より装置の小型化が可能になる。

（11） インタラクティブ性　　干渉縞の計算を高速に行い，三次元入力デバイスを用いて観察者の操作に応じて計算を行い，再生像を更新することにより，図 3.46（a）のようなインタラクティブ性を付加した電子ホログラフィーシステムにすることが可能である[51]。さらに，図（b）に示すような圧力センサをもった入力デバイスを用いたシミュレーション実験なども Benton らに

（a）　志水らによるシステム[51]　　　　（b）　Benton らによるシステム[52]

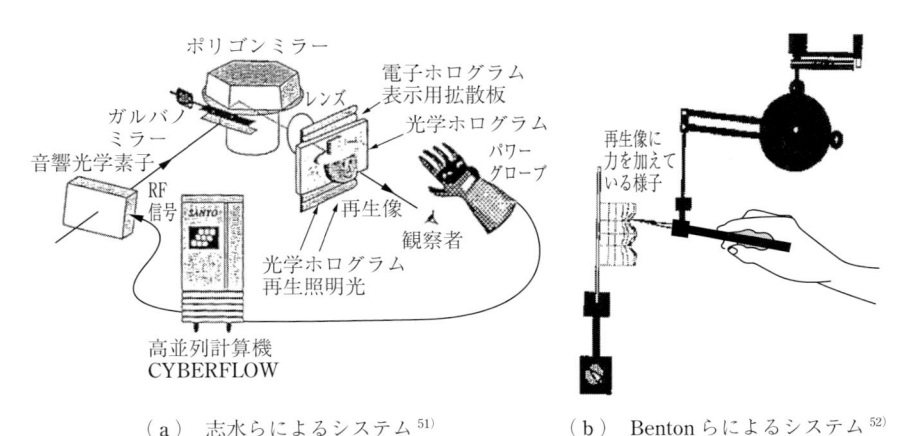

図 3.46　インタラクティブ電子ホログラフィー

より行われている[52]。

(12) **ホログラフィックステレオグラム方式**　三次元物体を，視点を変えた多数の二次元画像とし，それらの画像あるいはホログラムを細い帯状に作成する。再生の際にそれらを合成して観察すると両眼視差によって立体像として観察できる。この方法は直接レーザを照射することができない実物体やコンピュータグラフィックス（CG）画面のホログラム作成にたいへん有効な方法であるほかに，ホログラムの情報量低減にとっても有効な方法である。作成方法は光学的方法，計算機による方法ともに可能である。計算機による方法では各視点で得られた二次元の投影画像をもとに波面の伝搬の計算を行い，得られたホログラムを正しく配列して，両眼視差により立体視するものである。

(13) **伝送・処理**　三次元映像を表示するための計算処理の方法として現在までに行われている方法は，三次元画像の奥行き方向の画像を標本化し，必要に応じて任意の視点に対応する視差情報を取り出す光線空間による方法，あるいは直接三次元画像情報をホログラム情報に変換してホログラム面データとして圧縮したあとに伝送する方法が提案されている[53]。また伝送時における方法としては，視差画像を伝送し，表示側で合成する方法が考えられている[54]。しかし三次元画像情報の伝送には多くの情報を必要とする。そのために情報の大幅な圧縮などを必要とする。

3.4.6　ホログラフィーの芸術への応用

ホログラムの応用は，三次元世界を遠近感のある映像の表現として，多くの分野に適用されている。例えば，情報処理の側面として，記憶素子，光学素子，光学測定，三次元物体の遠近表現のあるディスプレイなどである。これらは，ホログラフィーの応用分野であるが，真の意味での三次元ディスプレイは，社会的にはこれまで存在しなかった新しい分野である。そして，ホログラフィー技術を適用して作成されるホログラムは，これまで不可能であった三次元物体を，そのもとの物体をリアルに再生させることができる情報媒体としての性格をもちあわせている。この点からも，ホログラムの芸術的価値は大きい。

3.4 ホログラフィー方式

すなわち,ホログラムは,三次元映像表現として,平面に写像されたホログラムが,もとの物体を美しく表現している点に特徴がある。このホログラムがもつ特徴はカラー写真では表現できない大きな特性であるといえる。ここでは,一つの事例として"砂漠の石"(西川智子作)を載せている[55]。

図 3.47 に本実験のマスタホログラムの光学系,図 3.48 にイメージホログラムの光学系,図 3.49 に被写体,図 3.50〜図 3.52 にホログラムの再生像が示されている。

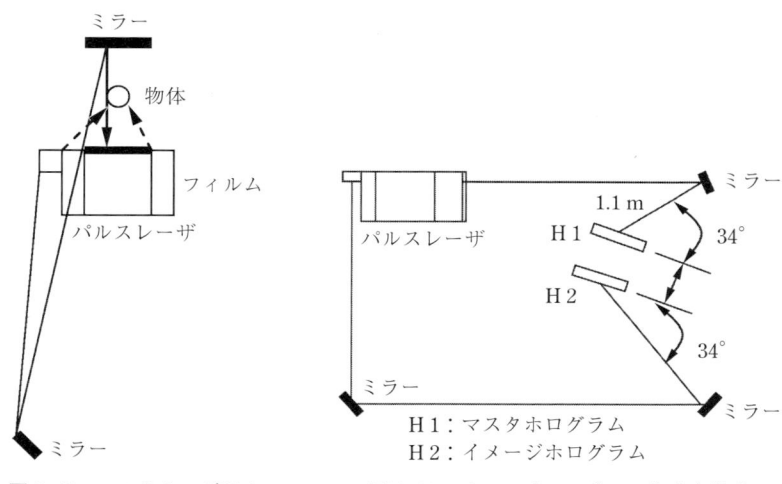

図 3.47 マスタホログラム作成光学系

図 3.48 イメージホログラム作成光学系

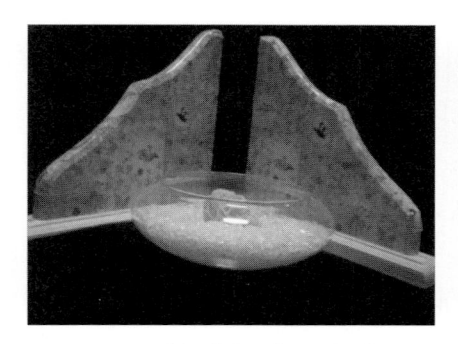

図 3.49 撮影物体("石の墓所",西川智子作)

図 3.50 再生像("石の墓所",西川智子作)

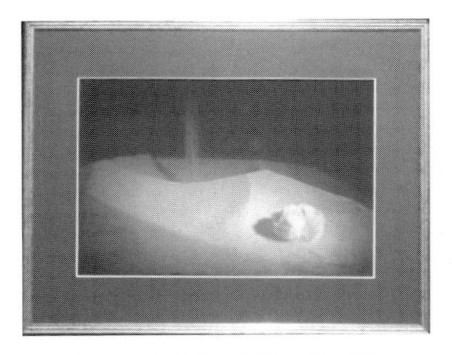

図 3.51 再生像("砂漠の始まり",西川智子作)

図 3.52 再生像("石の記憶",西川智子作)

図 3.50 の再生像から,石,花びら,水のイメージが鮮明に確認される。イメージホログラムとして,実際の像は前に飛び出して観察されるが,ボケはほとんど確認されず,被写体として使用したガラス,石,水などがその質感が失われずに鮮明に再生されている。

3.5 立体ディスプレイの展望

立体ディスプレイ技術の応用としては,立体テレビの開発とそのマルチメディアへの応用が期待される。本格的な立体テレビの研究は 1958 年にさかのぼる。メガネなし方式の必要性,現行方式との両立性などその時点ですでに将来の立体テレビに要求される事項が議論されているのは興味深い[56]。また CT スキャン,MRI データなど医用画像による動画像の三次元像再生が期待される。またバーチャルリアリティ(VR)などの立体映像と人間とのインタラクティブな分野への応用として,立体ディスプレイ技術を用いた立体動画像表示装置と立体像の位置を検出するための三次元ポインティングシステムを組み合わせた仮想三次元物体を直接操作するシミュレーション技術が考えられている。この方法は CAD などの三次元的なモデルの設計や外科手術などを対話的に行うことができ,建築物や車のデザインの設計,医療,ゲームなどへの応用の可

能性が見込まれている。さらに無線や光ファイバなどの大容量の通信ネットワークや放送などの携帯端末への応用も可能である。

　一方，立体を認識できるランダムドットステレオグラムを例にとっても立体ディスプレイが人間の立体知覚と深く関係していることがわかる。しかし，ゲームに関しては視覚に対する悪影響も指摘されている。現在のブームを一過性のものに終わらせないためにも，立体ディスプレイについての立体視の側面からの検討も必要であろう。立体ディスプレイを考える際に人間の立体視覚特性を考える必要が大きい理由である。今後はさらに人間の視覚特性を考慮に入れた人に優しい立体ディスプレイの開発も必要になるであろう。

3.6　む　す　び

　立体ディスプレイと画像・信号処理について概説した。このように立体ディスプレイの研究は現在さまざまな方式が研究されている。今後は電子通信分野の技術と関連して，図3.53に示すように表示方式の研究とともに新しい表示デバイスの開発および周辺技術の進歩と相まってますます活発な研究が行われると思われる。将来人にやさしい究極の立体テレビが実現し，リアルな臨場感のあるバーチャルリアリティを楽しむことも可能であろう。

　また，最近になって3Dコンソーシアム[57]，立体映像産業推進協議会[58]など立体ディスプレイの実用をめざしたフォーラムがそれぞれ企業，学会を中心に立ち上がった。今後さらに立体映像産業のビジネスが加速されることを期待したい。

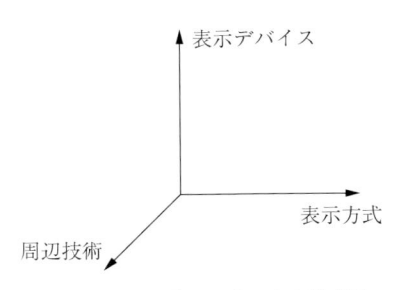

図3.53　3Dディスプレイの将来図

4 立体映像の情報処理

　画像通信の歴史は紀元前7世紀ごろの中国での「狼煙(のろし)」に始まる。日本でも弥生時代には狼煙が使われ始め，飛鳥時代以降には，「ほら貝」，「太鼓」といった音による伝達も通信手段として使われ始めた。18世紀末には，10 km間隔で高台に設置して「腕木の動きを望遠鏡で読み取る」腕木式通信機（テレグラフ）が発明された[1]。1929年には，丹羽らにより日本ではじめて東京―伊東間での長距離無線写真伝送の実験に成功し，1965年には南極大陸から無線伝送機により日本へ写真伝送実験が行われた。

　近年のネットワーク技術の進歩に伴い，LAN（local area network）やインターネット回線の拡充が進み，高品質な画像や音声データの伝送が可能となり，この特徴を活かしたデータ放送や遠隔教育への実用化が急速に進んでいる[2],[3]。さらに，2003年末からは日本国内でも地上ディジタル放送が開始され，従来よりも高品質な画像音声がお茶の間に向けて配信されている。さらにCG，バーチャルリアリティの発展により，三次元空間情報の利用が現実的なものになってきた。このため，三次元空間情報を効率よく取り扱う手法が求められている。そこで，本章では奥行き情報を抽出し，三次元情報を効率よく伝送し，かつコントラストのよい立体像を再生するために報告されているいくつかの情報処理の方式について概説する。

4.1　ホログラムの情報[4]

　例えば，実際に動画像を表示するためには，現行のテレビでも毎秒30コマ

4.1 ホログラムの情報

程度必要になる。しかし，1コマを生成するだけでも数分程度の時間を要する。滑らかな立体動画像を表示するためには，三次元データの生成時間を短縮し，効率的な圧縮・伝送を行うことが必要となる。計算機合成ホログラムは，光線追跡型とフーリエ変換型に大別される。ここでは，計算機合成ホログラムデータの生成時間を短縮する方法の一例を紹介する。

まず，一般的な二次元画像とホログラフィックな三次元画像との違いを述べる。二次元画像の場合は**図4.1**（a）のように被写体を凸レンズで撮像面上に結像させているので，点光源に対してはその位置に対応する撮像素子面上にのみ信号が現れる。

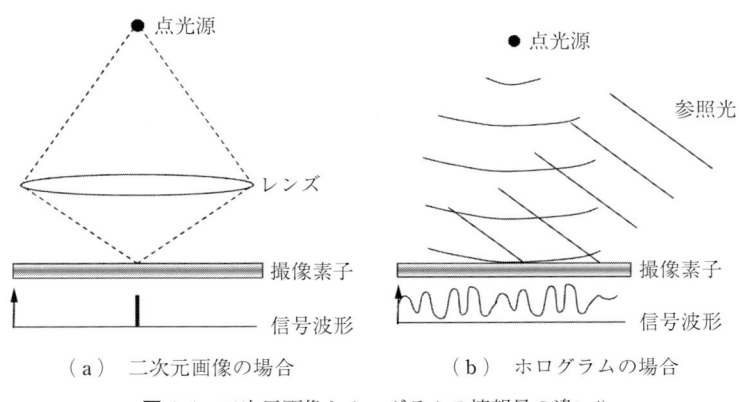

図4.1 二次元画像とホログラムの情報量の違い[4]

（a）二次元画像の場合　　（b）ホログラムの場合

これに対して，ホログラフィック三次元像では，図（b）のように点光源からの光の振幅と位相の情報を撮像素子全体にわたって取り込む。ただし，撮像素子は光の強度しか検出できないので，参照光を導入し，干渉縞の空間周波数により光の位相分布情報（光波面の進行方向情報をもつ）を得る。被写体が多数の点から構成される場合，二次元画像では物体の一点が撮像素子上の一点に1対1で対応するのに対し，ホログラムでは撮像素子上のすべての点に物体のすべての点からの振幅・位相情報が記録される。このようにして記録されたホログラムに参照光のみを照射すると，ホログラムを通過または反射した光は記録時の物体からの光とまったく同じ経路を伝搬していくのでリアルな三次元像

を再現できる。

4.2 ホログラム計算の高速化

4.2.1 光線追跡型フレネルホログラム計算へのネットワーク分散処理の適用

　光線追跡型（フレネル）のホログラムの計算手順を説明する。図 4.2 の光学系においてホログラム面（hologram plane）上に原点 O，および任意点 $U(x, y)$ をとり，物体面（object plane）上に任意点 $V(a_n, b_n, z_n)$ をとったとき，点 U と点 V の間の距離を r_n，ホログラム面上での輝度を $I(x, y)$，物体光および参照光の複素振幅をそれぞれ，ω_o, ω_r とするとホログラム面上では式 (4.1)～(4.5) の関係が成立する[5]。

$$I(x, y) \equiv |\omega_o + \omega_r|^2 \tag{4.1}$$

$$\omega_o = \sum_n \frac{A_n}{r_n} \cdot \exp\left(i\frac{2\pi}{\lambda} r_n\right) \tag{4.2}$$

$$\omega_r = B \cdot \exp\left(i\frac{2\pi}{\lambda} x \sin \theta_r\right) \tag{4.3}$$

$$r_n = \sqrt{(x-a_n)^2 + (y-b_n)^2 + z_n^2} \tag{4.4}$$

$$I^{(x, y)} = \sum_n \frac{A_n}{r_n} \cos\left[\frac{2\pi}{\lambda} \cdot (r_n - x \cdot \sin \theta_r)\right] \tag{4.5}$$

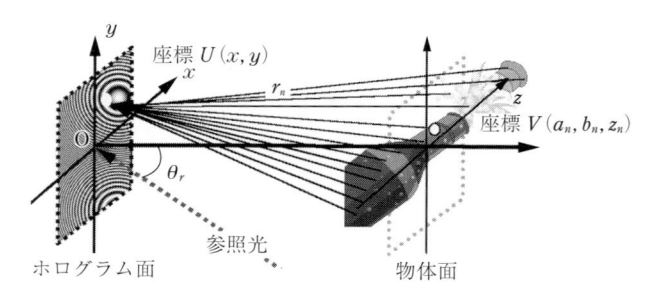

図 4.2　光線追跡型ホログラムの作成手順

　式 (4.2), (4.3) を式 (4.1) に代入し，干渉縞を直接決定する項を取り出したものを $I^{(x, y)}$ とすると式 (4.5) となる。式 (4.5) の演算を画素数だけ繰

り返すことによりホログラム面を作成する構造であるから,ホログラム面のどこから計算してもよく,画素または小ブロックごとの単位での並列分散処理に適している。この考えに基づく高速計算法として,ネットワーク上の多数コンピュータによるパラレルバーチャルマシン(PVM)による報告例[6]を紹介する。

PVM を用いたホログラム並列計算は,**図 4.3** に示すように以下の流れで行われる。

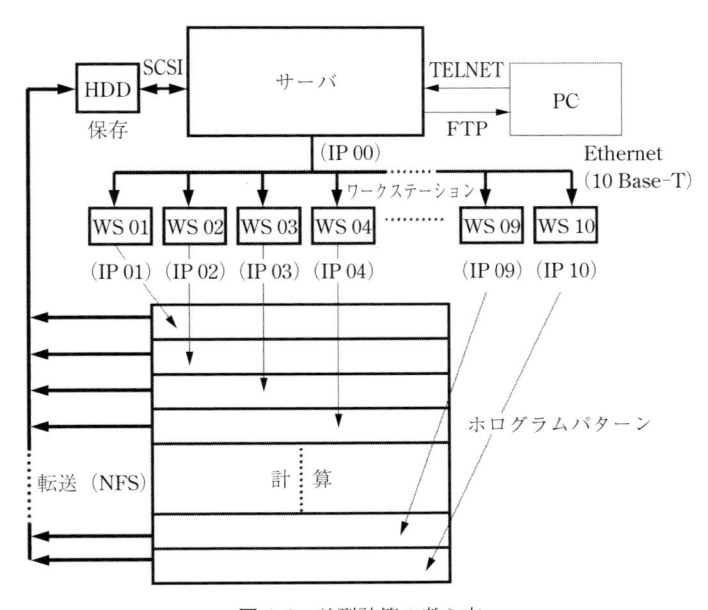

図 4.3 並列計算の考え方

① サーバから,計算を行う WS(ワークステーション)に対して計算領域を IP アドレスの若い順に割り当てる。
② 同期して計算を開始し,すべての WS での計算が終了するとサーバに対して一斉に計算結果を転送する。

並列計算による計算時間の短縮効果を**図 4.4** に示す。これは横軸に入力物体点数を,縦軸に計算時間として構成したものである。なお,パラメータは以下

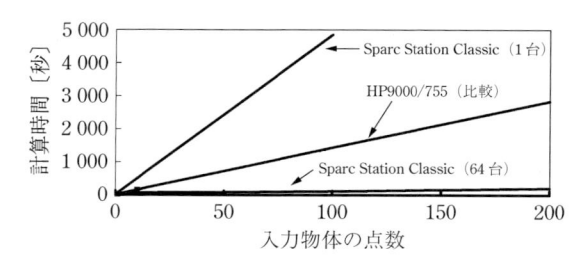

図 4.4 並列計算による演算時間圧縮

の 3 通りである．
① Sparc Station Classic を単独で駆動させた場合
② 処理速度が①に比べ速いワークステーション（HP 9000/755）を単独で駆動した場合
③ 64 台の Sparc Station Classic を並列で駆動させた場合

図 4.4 を見ると，①〜③のいずれの場合も入力物体点数の増加に伴い計算時間が比例的に増加することがわかるが，③の場合においては処理の速いワークステーションと比較して 10 倍以上の高速化が図られたことがわかる．これより，処理能力が高くないコンピュータであっても，これを複数，並列駆動させることにより高速化計算が可能となることがわかる．

ネットワークの負荷による計算時間の損失がどの程度であったかを，①実際の計算時間，②1 台で計算を行った場合の時間を並列化したコンピュータの台数で割った場合の計算時間，により比較する（**図 4.5**）．

図 4.5 の横軸，縦軸はそれぞれ計算機台数，計算時間の変化を示している．

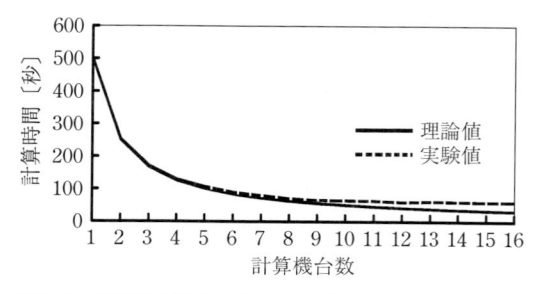

図 4.5 計算機台数を変化させた場合の計算時間の変化

図 4.5 から計算機台数の増加につれ計算時間が反比例的に減少していることがわかるが，10 台以上の状態では計算時間が横ばいになる傾向があることが確認できる。これより，この報告例では，10 台程度が最適な条件となっている。

なお，この手法では PVM を用いているため計算後のデータの排出はすべて同期して行われる。しかし，Ethernet は同時に 2 台以上のコンピュータと通信ができないことから，パケットどうしの衝突（collision）が発生し，転送時間が増加することが逆効果として現れたものと考えられる。MIT の研究グループによる，コネクションマシン（CM 2）[7),8)]，イメージ情報科学研究所による，"サイバフロー"[9)]（**図 4.6**）なども同様の考え方である。

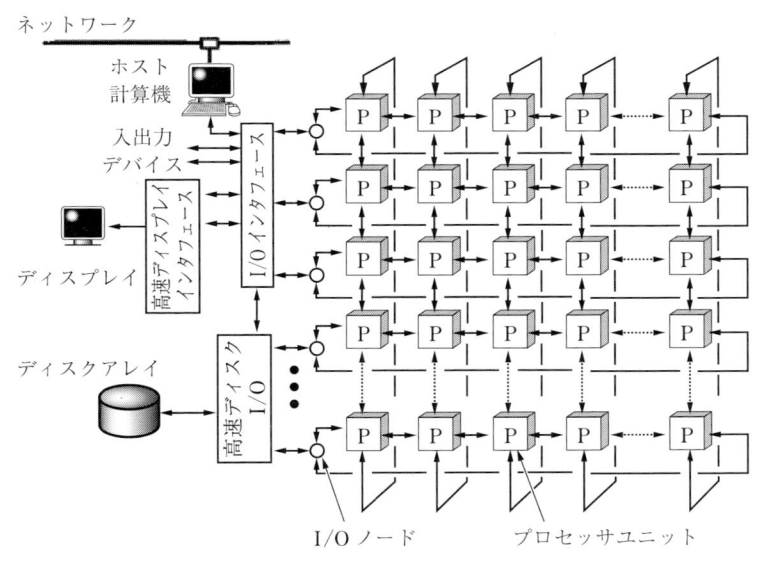

図 4.6 サイバフローの考え方[9)]

4.2.2 差分を用いた高速計算アルゴリズム[10)]

ここで述べる手法も三次元物体を再生するためのホログラムが微細な画素構造をもっていることを利用したものである。簡単のため，縦方向視差を無視し，かつ**図 4.7**のように x 軸上に微小距離 dx で分割されているホログラムが

56   4. 立体映像の情報処理

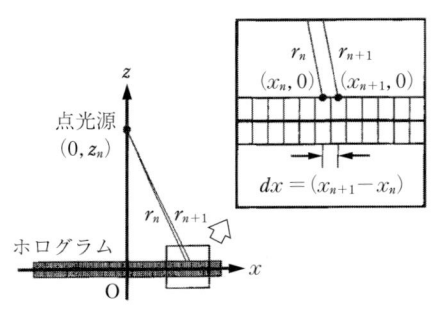

図 4.7　差分計算の原理[10]

配置されたモデルで説明する。

ここで，初期位相 ϕ_i の点光源 (x_i, z_i) と入射角 θ_r の参照光がホログラム上の点 $(x, 0)$ で干渉するとき，ホログラム面上の光強度の時間平均の交流成分は式 (4.5) となるが，この計算では三角関数の計算と点光源からホログラム面上までの距離 r_n を求めるための開平計算にほとんどの時間を費やしている。三角関数計算をテーブル化すると式 (4.5) の計算は距離 r_n の計算が大部分を占めることになる。そのため，r_n の計算を高速化する方法について検討する。図 4.7 に示すような点光源 $(0, z_n)$ からホログラム面上の任意の画素 $(x_n, 0)$ までの距離 r_n は開平計算式で表される。ここで，$z_n \gg x_n$ とするとテイラーの定理より式 (4.6) のように一次近似できる。図 4.7 のようなホログラム上の隣接した画素 $(x_n, 0)$，$(x_{n+1}, 0)$ において r_{n+1} と r_n の差分を Δr_n，また，Δr_n の変化分（の2階差分）を C とする。$z_n \gg x_n$ のとき，変化分 C は式 (4.7) のように一定とおける。これより，r_{n+1} および Δr_{n+1} は，r_n より式 (4.8)，(4.9) により求められる。

$$r_n = \sqrt{x_i^2 + z_n^2} \fallingdotseq z_n + \frac{x_n^2}{2z_n} \tag{4.6}$$

$$C \equiv \Delta r_{n+1} - \Delta r_n = \frac{(dx)^2}{z_n} \tag{4.7}$$

$$r_{n+1} = r_n + \Delta r_n \tag{4.8}$$

$$\Delta r_{n+1} = \Delta r_n + C \tag{4.9}$$

ある画素での距離 r_n および差分 Δr_n を求めると，それ以降の画素では単純な加算演算のみによって距離 r_{n+1} の値を求めることができる．この方法によりテーブル参照法とほとんど変わらない計算時間でホログラムを生成することが可能となる．

4.3 フーリエ変換型

前述の光線追跡型の計算では，式（4.5）からもわかるように物体点数の増加によって計算時間は天文学的な時間を要することがわかる．ここでは，計算時間が物体点数に依存しないフーリエ変換型の計算法についてとりあげる．この計算法の場合には，以下の二つの手法がよく用いられる．

① 三次元物体を奥行き方向でスライスし，その各断層像に高速フーリエ変

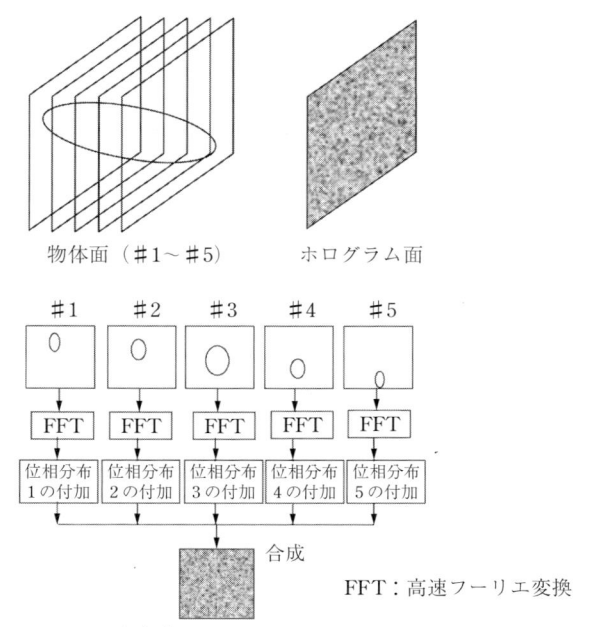

図 4.8　断層画像型ホログラムの場合[7]

換(FFT)を行って位相コードを付加した後,画像を合成してホログラムとする。これは断層画像型ホログラムと呼ばれ,断層面ごとに分散処理を行い,ホログラムの高速生成が可能な手法である。この考え方は前述の光線追跡型の計算法でも適用可能である（**図4.8**)[7]。

② ホログラム面上の異なった位置から見た投影像（平面像）をもとに複数のホログラム（要素ホログラム）を高速フーリエ変換（FFT）により計算し,それらの要素ホログラムを張り合わせる。これはホログラフィックステレオグラムの計算法である。このとき,視差画像ごとに分散処理を行えば,ホログラムの高速生成が可能となる（**図4.9**)[7]。

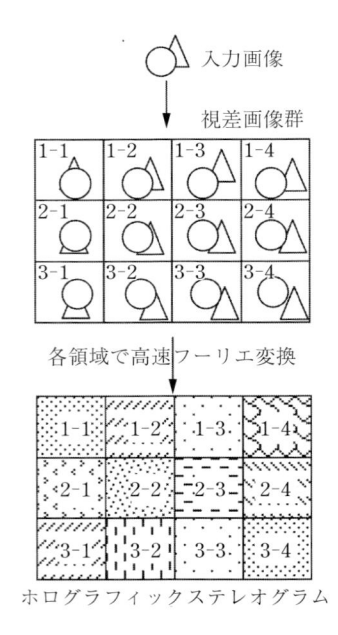

図4.9 ホログラフィックステレオグラム[7]

4.4 高速計算のための専用ハードウェア化への試み

汎用DSPを並列駆動してフレネルホログラムを高速計算するハードウェアがTAOなどによって試作されている。このハードウェアは**図4.10**に示すよ

4.4 高速計算のための専用ハードウェア化への試み　　59

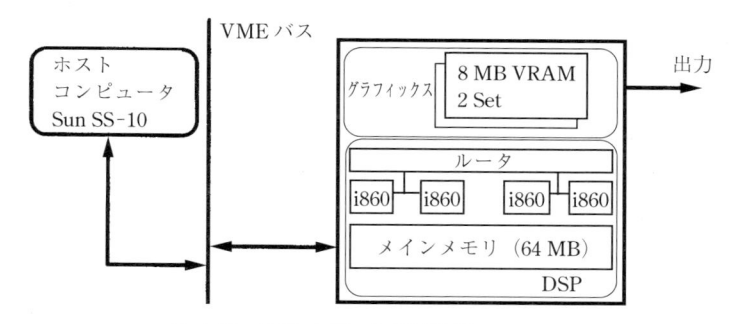

図 4.10 DSP を用いた高速計算システム[7]

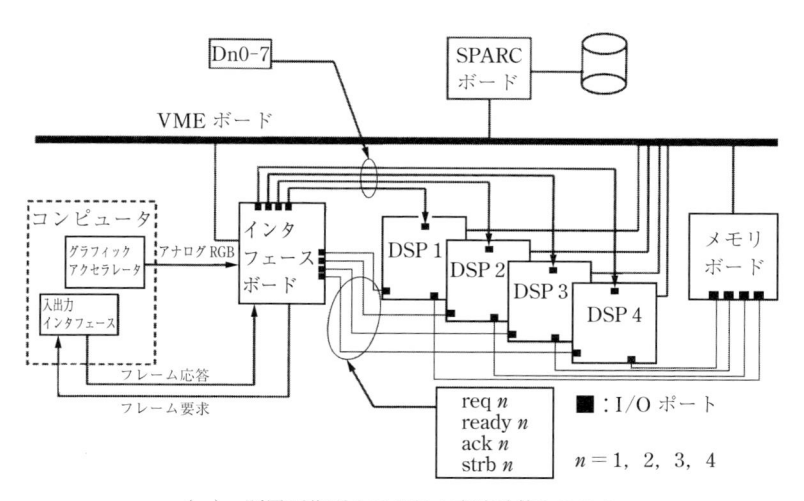

（a） 断層画像型ホログラム高速計算システム

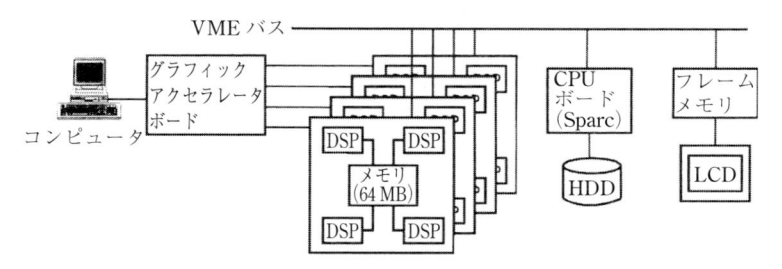

（b） ホログラフィックステレオグラム高速計算システム

図 4.11 高速計算のための専用ハードウェア（構成の一例）[7]

うに，4個のDSPチップ（i860）を搭載した演算ボードで構成され，VMEバスを介してホストコンピュータに接続される。演算ボードにはグラフィックスボードが搭載され，演算によって生成されたホログラムを直接，光空間変調素子に転送することが可能になっている。演算は4個のi860の並列演算などを行うことができ，ホストコンピュータ側でDSPにタスクを割り当てることにより高速演算が可能となっている。ボードの浮動小数演算のピークパフォーマンスは単精度で320 MFlopsとなっている[7]。この方法を応用した，断層画像型ホログラムおよび，ホログラフィックステレオグラム用の高速計算ハードウェア（一例）を**図4.11**[7,11]として紹介する。さらに，千葉大の伊藤らによるHORN-5では1.5 TFlops程度まで高速化されている[12]。

4.5 帯域圧縮，符号化

　光線空間を利用した手法では座標データを先に送り，受信側で三次元画像を計算により作成する[13]。ホログラムを伝送することを考えた場合に，ホログラム化する前に三次元物体の座標情報をデータとして伝送して，受信側で得られた座標からホログラムを生成する方法が考えられる。最近，二次元画像を単なる濃淡情報としてではなくモデルに基づいて分析し，そのパラメータを伝送する「モデルによる符号化」が検討されている。

　ホログラフィックビデオでは，この符号化方式の適用が容易である。現在の電子撮像素子ではホログラフィック三次元像を取り込むのに十分な解像度と画素数が得られないので，被写体をモデル化した情報（CGに用いられるポリゴンデータ）をもとに，撮像素子に形成される干渉縞をコンピュータによりシミュレートして生成している。この方法が利用できれば，単に符号化の効率が上がるだけではなく，ホログラムを撮像するための特殊なカメラが不要になるという利点もある。他方式にも適用可能であることから，有力視されている[14]。この一例として，Hogel-vectorと呼ばれる帯域圧縮法が検討されている。この方法は，「三次元物体の座標データを伝送し，受信側で人間の目の分解能を

超える帯域をカットし，ホログラムを高速生成する」ものである[15]。

一方，ホログラフィーを利用した立体像表示法では観察者が再生像を多方面から眺めることができ，観察者が注視する対象にピントを合わせることができる。これは対象物に対して連続した視差情報をもつためである。しかし，同時にホログラムは莫大な情報量をもつので，これを伝送するためには，なんらかの圧縮を行うことが必須となる[4]。しかし，むやみに圧縮をすると三次元情報が失われる危険性がある。ホログラムは通常，人間の視覚よりも高い空間周波数をもつので，ホログラムの空間周波数を人間の視覚程度まで低下させることにより情報低減が可能なる。ここでは，ホログラムの代表的な情報圧縮について述べる。

〔1〕 **視差の制限による情報圧縮法**[16)~18)]

縦方向の視差を犠牲にする方法である。人間の眼は水平方向に分離しているので，左右の異なった視点から見た画像が異なることは重要だが，上下方向にはそれほど重要ではない場合が多い。これを実現するためには**図 4.12** において入射開口を細長いスリットにして式（4.12）の f_y を減少させればよい。

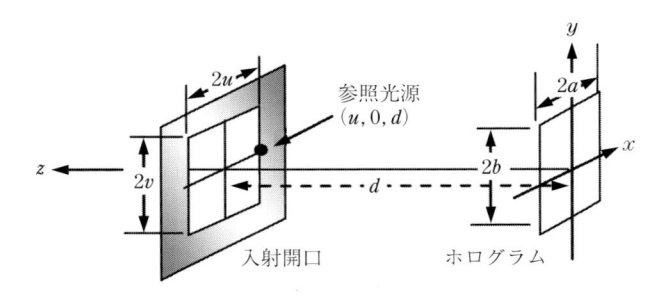

図 4.12 ホログラムの情報算出のための光学系[4]

x-y 平面上に原点を中心としてホログラム面をおき，その大きさ x 方向に $2a$，y 方向に $2b$ とする。物体からホログラムに入射する光を入射開口面より制限することで干渉縞の最大空間周波数を一定以下に抑える。ただし，入射開口面はホログラム面と平行とし，ホログラム面からの距離を d，x 方向の幅を $2u$，y 軸方向の幅を $2v$ として中心が z 軸になるように配置する。参照光源は

物体光と重ならずに干渉縞の空間周波数が小さくなるように入射開口のすぐ脇の点 $(u, 0, d)$ におく。x 方向，y 方向の最大空間周波数 f_x, f_y は式 (4.11)，(4.12) で表される。

$$f = \frac{|\sin \theta_o - \sin \theta_r|}{\lambda} \tag{4.10}$$

$$f_x = \frac{2}{\lambda} \sin\left(\tan^{-1} \frac{u}{d}\right) \tag{4.11}$$

$$f_y = \frac{2}{\lambda} \sin\left(\tan^{-1} \frac{u}{2d}\right) \tag{4.12}$$

ホログラム面上の全標本点数 S は，式 (4.13)，(4.14) となる。

$$S = (2f_x \times 2a) \cdot (2f_y \times 2b) \tag{4.13}$$

$$S' = (2f_x \times 2a) \cdot (走査線の本数) \tag{4.14}$$

〔2〕 間引きによる情報低減法[4]

ホログラムは以下の理由から，冗長度が高いといわれる。

① 対象物に対して連続した視差情報をもつ。

② ホログラムのもつ解像度が人間の視覚と比べて非常に高い。

ホログラムの解像度を低下させるには光の波長を長くする方法と，ホログラムを小さくする方法がある。しかし，表示のためのホログラムでは波長を長くすると可視域から外れてしまう。また，ホログラムを小さくして人間の視覚の解像度程度にホログラムの解像度を低下させるには，その大きさを瞳孔程度まで減少させる必要があるが，これでは視域も減少する。そこでホログラムを小さくする代わりに，ホログラムを多数のストライプ状またはタイル状といった小領域に分割し，データを間引きすることで情報量を低減する方法が提案されている。

図 4.13 のようなホログラムの撮影を考える。ホログラム面上にスリットをおき，開口部分のみで干渉縞を作成する。これにより，視域を狭くすることなく標本点数を減少することができる。また，ブランク部分による明るさの低下が問題となる場合には，開口部分の干渉縞をこの部分に転写すればよい。このとき，ボケが生じ，これが解像度を低下させる。このボケの原因には図 4.13

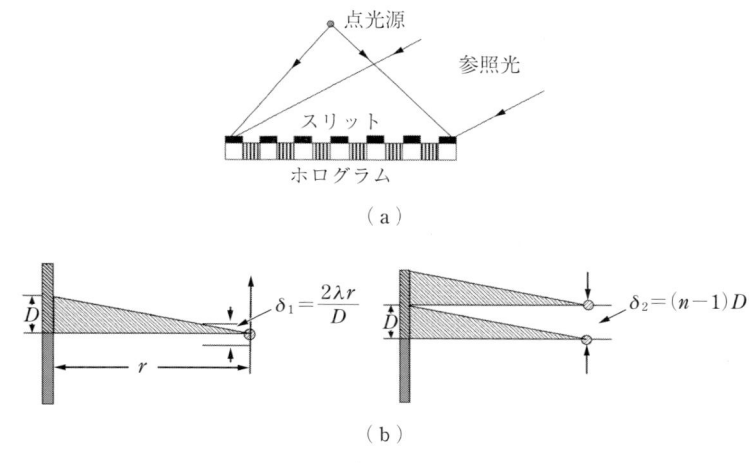

図4.13 ホログラムのボケの考え方[4]

(a) に示すホログラムの回折効果と，図 (b) に示す開口部分の転写による多重像のボケによるものがあり，それぞれ以下の関係がある。

$$\delta_1 = \frac{2\lambda r}{D} \tag{4.15}$$

$$\delta_2 = (n-1)D \tag{4.16}$$

ただし，λ は光の波長，r はホログラムと再生像間の距離，D はスリットの開口幅，n は低減比である。これより，開口部分を狭くすると回折によるボケが増大し，開口あるいはブランク部分を広げると多重像が問題となる。したがって，最適な開口が存在する。二つのボケの合成値は δ_1 と δ_2 の和（式 (4.15)，(4.16) 参照）で与えられ，$\delta_1 = \delta_2$ のとき最小となる。

〔3〕 計算済みのホログラムの情報圧縮・低減をする手法

（1） **DCT**（discrete cosine transform）—**JPEG 法**　ホログラムを小領域に分割し，領域ごとに一次元離散コサイン変換（DCT）により周波数領域に変換し，JPEG（ベースラインプロセス）を適用する。日本大の吉川らによる実験では，横方向のみに視差をもつホログラム（4 096 標本点×32 ライン，8 bit/標本点）を用い，ホログラムを N 画素ずつの領域に分割し，前処理としての DCT では N 次の一次元 DCT として周波数領域に変換し，その後，横方

向の画素数が N となるように二次元に並べ換えてから JPEG により符号化が行われている。なお，JPEG 中の DCT は（8×8）のままで行われている[16]〜[18]。

（2） 直接 JPEG 法　ホログラムに JPEG 圧縮を直接かける方法である[16]〜[19]。

（3） MPEG-4 に基づく Real Media 形式を用いた方法[20]　MPEG-4 では人の視覚が色情報よりも輝度情報に対して敏感という特性を利用して画像圧縮を行っている。CGH（computer-generated-hologram）では輝度情報の変化が重要であるため MPEG-4 は CGH の圧縮に対しても同手法は有効であると考えられる。この形式にはそのほかに以下の特徴がある。

① 圧縮率が MPEG-1，2 に比べて 1.2〜2 倍と高いうえに，解像度や SN 比の劣化が少ない。この特徴は，高い空間周波数を要するホログラムデータに対して有効である。文献 16)〜19) の手法では圧縮率を向上させるためには CGH データの間引きを行い，補間処理を施すという 2 ステップの処理が必要である。それに対して，MPEG-4 に基づく Real Media 形式を利用する手法では 1 回ですむため，処理自体を単純にできる。

② 携帯情報端末への動画像配信サービスでも MPEG-4 が採用されており，この手法は携帯情報端末に対しても適用できる可能性がある。

③ 誤り耐性符号化を用いているため，伝送誤りに強い。これは，CGH データ，すなわち波面情報の伝送精度が向上することを意味しており，伝送画質の劣化防止に有効である。

④ エンコードレートを 350 kbps 以上にする場合には，可変ビットレート方式で符号化される。この方法はデータ変化に応じて割り当てるビット数を変化させる手法であり，時間とともに情報量が変化する CGH 動画データの圧縮に対して効率的である。

また，JPEG 2000 を用いた CGH 圧縮についても報告例[21]があり，JPEG 2000 がもつウェーブレット変換や，タイルサイズの自由設定などの特徴が CGH 圧縮に対して有効であることが指摘されている。

4.6 ホログラムの伝送について

　ホログラム伝送の試みは，二光束法ホログラフィーが発明されて間もない1966年にベル研究所のEnloeらにより行われた[22]。さらに，ホログラムの情報量圧縮を目的として1970年にBentonらにより縦方向の視差を除き，横方向だけの視差を用いたレインボウホログラムが考案された。ホログラフィーを利用した立体動画像伝送の考え方について述べる。

　ホログラフィーとは物体を光の干渉と回折を利用して二次元の干渉縞パターン（ホログラム）に変換する技術であり，生成されたホログラムに照明光を照射すればもとの三次元像が復元できるという特徴をもつ。したがって，通常のTVと同じようにホログラム（画像）をコマ送りの考え方で形成すれば，動画化することが可能である。そのため，コマ単位で見れば1枚のホログラム（静止画）である。ホログラフィーを立体画像伝送に適用した場合には以下の点がメリットとなる。

① 一度，変換されたホログラムは二次元画像と同様に扱えるため，これまでの画像伝送用インフラ（電話回線網）を利用した画像伝送が可能であり，受信されたホログラムに参照光を照射することにより，三次元物体が復元できる。なお，ホログラムには冗長度が高い性質があるため伝送時に若干の画質劣化が生じても三次元情報が失われない。

② 三次元物体を1枚のホログラムに変換しているため，視差画像方式のように複数の画像を同時に伝送しなくてよい。これは伝送時間の短縮が可能となることを意味する。

　従来の画像伝送とホログラフィーによる立体画像伝送の違いを**図4.14**に示す。なお，図中の変換器は三次元物体をホログラムに変換する装置であり，実物体を使用する場合にはリアルタイムホログラフィー，CGなど架空物体を使用する場合には計算機合成ホログラムが考えられる。また現行のテレビの代わりに専用の立体画像表示装置が必要であり，前節までに述べた構成例が考えら

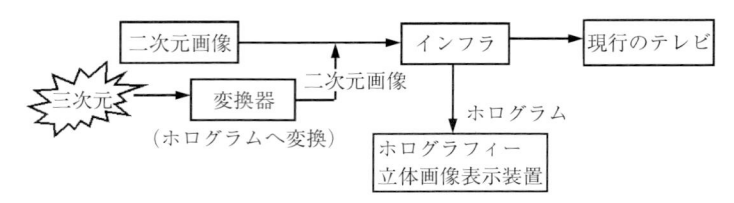

図 4.14 ホログラフィー立体動画像伝送の考え方

れる。

4.6.1 ホログラフィックな立体写真伝送

1843 年に Alexander Bain (イギリス) によって発明されたファックス[23]は，オフィス，教育機関や一般家庭において欠かせない情報機器となっている。携帯情報端末やパソコン（以下，PC）の爆発的な普及に伴い，これらの機器を利用したファックスも広く使用されている。ファックスは，画像の濃淡レベルを音声信号に変換し，4 kHz という狭帯域な電話回線で画像を伝送できる特徴がある。そこで，本項では以下に述べる SSTV（slow scan television）方式[24), 25)]とホログラフィーを融合した 3 D-FAX システム[26)]での立体写真電送の実験例を述べる。

SSTV 方式は画像データ（搬送波）を画像の輝度レベルで周波数変調し，可聴信号に変換された信号を伝送する方式である。同期信号を 1.2 kHz とし，可聴信号を最も淡い色（白）で 2.3 kHz，最も濃い色（黒）で 1.5 kHz とすることで占有周波数が 3 kHz 以内（帯域幅：0.8 kHz）に収まり，音声帯域でも画像の伝送が可能となる。この特徴を利用して，アマチュア無線の愛好家の間でも用いられる技術である。電送実験では図 4.15 に示すシステムが構築され，以下の①〜③の手続きにより立体画像を得ている。

① Tx 側（送信系）において，PC により音声信号に変換した CGH をアマチュア無線機により 430 MHz で FM 変調して送信する。

② 見通しのよい 2 点間で 1 km の距離を伝送させ，Rx 側（受信系）のアマチュア無線機により，音声信号に復調し，PC により画像（CGH）に復

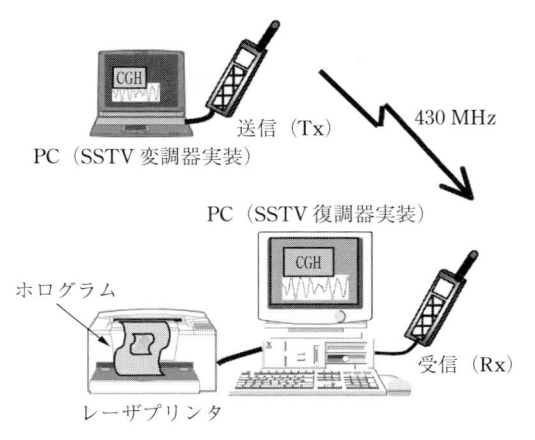

図 4.15 ホログラフィックな 3 D-FAX システムの構成例

元する。

③ 得られた CGH を，立体画像表示装置に入力すれば，立体画像の再生が可能である[25]。さらに，立体画像表示装置の代わりに市販のレーザプリンタに転送して OHP シートに印刷しホログラムとし，これにレーザなどの光を照射すれば，立体像の再生が可能となる[26]。

4.6.2 ネットワークを用いた立体動画像配信法

近年のネットワーク技術の進歩に伴い，LAN やインターネット回線の拡充が進み，高品質な画像や音声データの伝送が可能となった。日本国内でも 2000 年末には BS ディジタル放送が開始された。さらに，その 3 年後の 2003 年末には地上ディジタル放送も開始され，従来のアナログ放送よりも，高品質な画像（HD-television）や音声（5.1 チャネルサラウンド）で各種コンテンツがお茶の間（家庭）へと配信されている。

さらに，地上ディジタルテレビ放送は携帯情報端末でも受信可能となっているので，いつでもどこでも（ユビキタス指向）テレビ放送を楽しむことができる。この特徴を活かしたデータ放送や遠隔教育への実用化に向けた研究・開発

68　　4．立体映像の情報処理

も急速に進み，実用化の段階に近づいている。

　このような理由から，専門家間でのCGHによる三次元データのやりとりや，将来的には教育や医学目的での立体像配信，エンターテインメントなどでのCGH動画のダウンロードが行われる時代がくると予測される。リアルタイムホログラフィー[8),27),28)]と本手法を組み合わせることで，実物体（三次元情報）の中継技術にも発展が期待される。また，あらかじめサーバにデータを蓄積してある（オンデマンド）場合には，視聴者は携帯情報端末により時間や場所の制約を受けずに，いつでもどこでも三次元コンテンツを楽しむことが可能となると期待される（図4.16）。

図4.16　ユビキタス指向のホログラフィー立体テレビシステムの完成予想

　ここでは，ネットワークストリーミング配信技術の一つであるRealMedia（MPEG-4アルゴリズム採用[2)]）を使用したホログラフィーを利用した立体映像音響コンテンツのオンデマンド配信実験手法（一例）[29)]を紹介する。

　実験システムはサーバ（real-time streaming protocol：RTSP），端末PC，立体像表示部（レーザおよびDMD（digital micromirror device）パネル），ステレオスピーカにより構成される。なお，本実験ではコンテンツ（動画データ）のファイルとしてのダウンロードが不可能であり，セキュリティ面において有効であるという理由からRTSPサーバが採用されている[2)]。**図4.17**に示

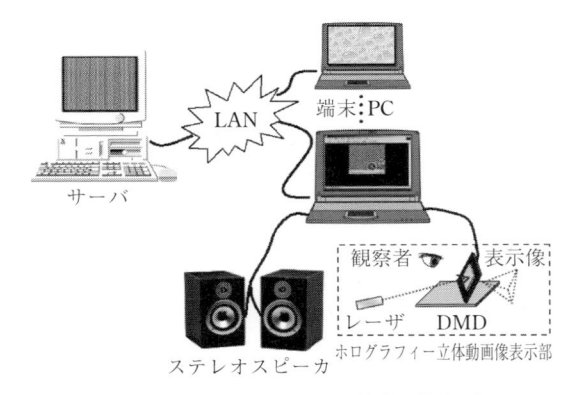

4.6 ホログラムの伝送について　　69

図 4.17　ネットワークを利用した立体動画像伝送システム

すシステムで，以下の（1）〜（3）の手続きで行われる。

（1）HerixServer 9.0 を実装されたサーバに，Real Media 形式でエンコードされた CGH 動画のデータを蓄積する。

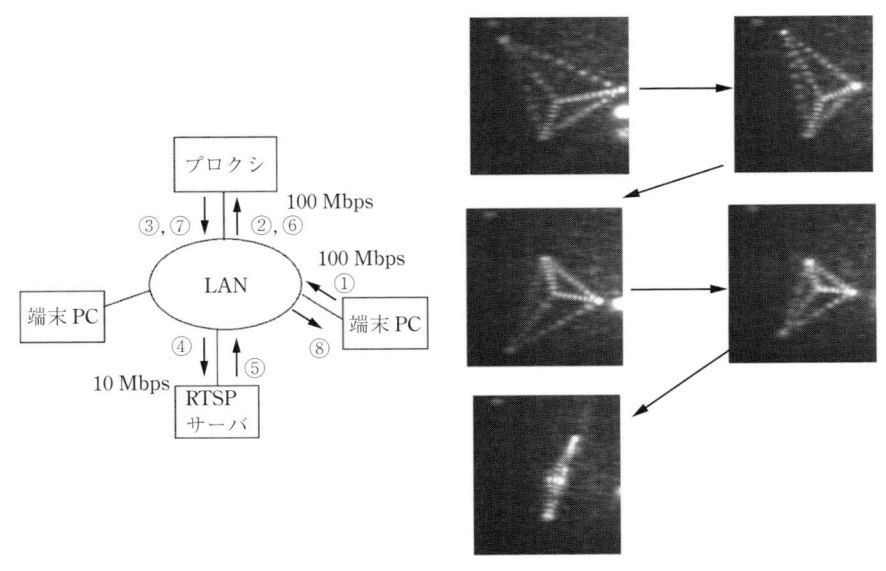

（a）ネットワークシステム　　　（b）伝送されたホログラムから再生された立体動画像の一例

図 4.18　ネットワークシステムと結果の一例

(2) 蓄積されたデータを図 4.18（a）のフロー[20),29)]で Real OnePlayer 9 を実装した端末 PC で受信する．図中の ①～⑧ はデータの流れを示している．

(3) 受信した CGH 動画データを SMIL スクリプトにより Web ブラウザ上に実寸大で表示させ，立体動画像表示部にアナログ RGB 方式で入力する．これと同時に，端末 PC からステレオスピーカに受信音声の信号を転送する．

コントラストが高く，かつ滑らかな立体動画像情報の伝送が可能であり（図4.18（b）），既存のインフラを有効活用した立体動画像の一般家庭への配信にも発展が期待される．また，ディジタルホログラフィーを用いた実物体のホログラムデータ（静止画）の伝送についても報告例がある[30)]．

4.7　動画ホログラフィーへの実験的繰返し手法の適用

動画ホログラフィーに対して，計算機合成ホログラム（CGH）を適用することにより，撮影の困難な物体を容易に立体動画像として表示することが可能となる．しかし，CG など複雑な物体からホログラムを合成し，再生を行う際には再生像のコントラストが不十分であり，また SN 比も十分なものとはなっていない．したがって，より高品質な再生像を得るためには，再生像のもとになる入力物体の輝度を調整し，表示像のコントラストを改善することが重要であると考えられる．再生像特性のように，評価対象が多い場合には，これらをすべてについて評価し，その中から最適条件を探すことは非常に困難であると思われる．

したがって，評価対象の条件を軽減することの可能な，繰返し手法を用いることが非常に有効であると考えられる．CGH においては，波面量子化に伴うノイズの軽減法に対してシミュレーションをもとにした最適化法を適用した例が報告[31)～34)]されている．液晶パネルを用いた電子ホログラフィックディスプレイにおいては，ホログラム面を電気的に構成していることから，条件を設定後ただちにホログラム面を更新できる特徴があり，繰返し手法が非常に有効であると考えられる．図 4.19 に示す再生像評価システム例が報告されている[35)]．

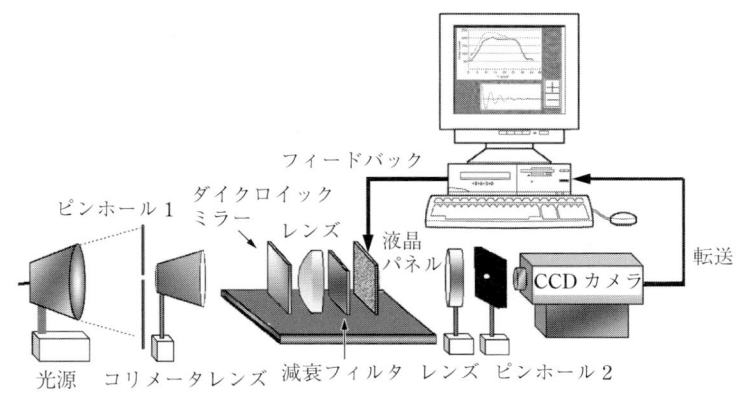

図 4.19 再生像評価システムの一例

4.8 キノフォーム方式

4.8.1 キノフォームの原理

　ホログラムが光波の情報，つまり，振幅と位相の両方を記録して再生するのに対し，キノフォームは位相情報のみから再生を行うものといえる。したがって，キノフォームとはホログラムではないが，それと等価なものである[36]。また，①位相変調のみなので回折効率がよく，明るい再生像が得られる，②計算過程において高速フーリエ変換（FFT）が使用できるので処理が速い，の利点がある。キノフォームの作成は，**図 4.20**（a）のように二次元データをフーリエ変換し，その位相情報のみを抽出することで行う（再生シミュレーションは図（b）の手順で行う）。ただし，このときの記録面での振幅分布は一定でなければならない。なぜなら，キノフォームとは位相分布のみであり，再生時に与えられる投射光の振幅は必ず一定である。さらに液晶表示する場合，そのハード的性質からも液晶を通過した直後の振幅が一定であることは当然である。しかし，先に述べたようにキノフォームの算出方法はフーリエ変換によって求められるから，振幅分布（スペクトル）に局所的な集中が生じてしまう（**図 4.21**）。

72   4. 立体映像の情報処理

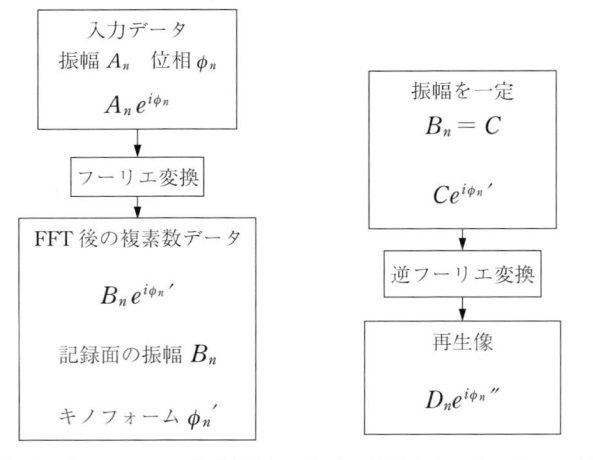

```
┌─────────────────┐                    ┌─────────────────┐
│  入力データ      │                    │  振幅を一定      │
│ 振幅 $A_n$ 位相 $\phi_n$ │              │   $B_n = C$      │
│   $A_n e^{i\phi_n}$  │                    │   $Ce^{i\phi_n'}$  │
└────────┬────────┘                    └────────┬────────┘
         │ フーリエ変換                          │ 逆フーリエ変換
┌────────▼────────┐                    ┌────────▼────────┐
│ FFT後の複素数データ│                    │    再生像        │
│   $B_n e^{i\phi_n'}$ │                    │  $D_n e^{i\phi_n''}$ │
│ 記録面の振幅 $B_n$│                    └─────────────────┘
│ キノフォーム $\phi_n'$ │
└─────────────────┘
```

　　（a）キノフォーム作成過程　　（b）再生シミュレーション過程
　　　　　図4.20　キノフォームの作成と再生シミュレーション

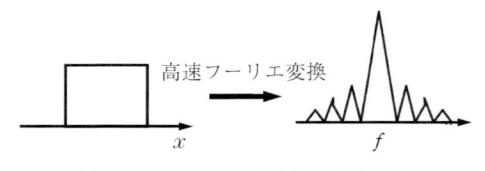

図4.21　フーリエ変換後の振幅分布

　したがって，この記録面での振幅分布一定という条件を満たさなければ再生像特性に影響が生じることは避けられない。入力データ（複素数）の位相部にランダムな位相を付加することで記録面での振幅分布をランダムに分散するのである。この入力データに付加する位相のことを「位相コード」と呼ぶ。位相コードについては4.8.3項で説明する。ほかには繰返し法を用いた方法も検討されている[31]。

4.8.2　0次光の空間分離法

　再生時において図4.22のように，作成されたキノフォームに投射された平行光は振幅一定で位相にのみ変化が与えられる。つまり，キノフォームを透過した平行光はキノフォームの各位相分布によってある結像効果を受ける。

4.8 キノフォーム方式

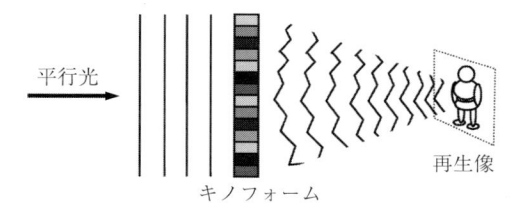

図 4.22 キノフォームの結像効果

さらに，図 4.23 のようにレンズやプリズム状の位相分布を付加すると，再生像の結像位置が光学的なレンズやプリズムを挿入した場合と同様にずれる。このような位相分布をレンズ項，プリズム項と呼ぶ。

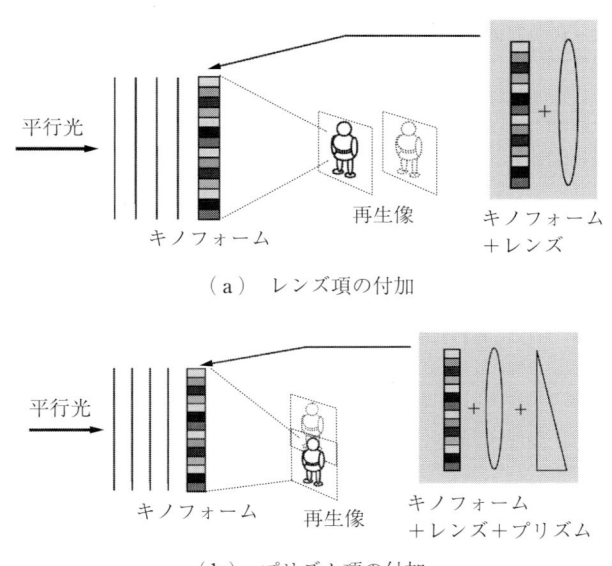

（a） レンズ項の付加

（b） プリズム項の付加

図 4.23 レンズ項とプリズム項による再生像結像位置

作成されたキノフォームのある点における位相 $\phi_{kinoform}$ はレンズ項の位相 ϕ_{lens} とプリズム項の位相 ϕ_{prism} によって再生像の結像位置をずらすことができる（式 (4.17)〜(4.19) 参照）。

$$\phi_{lens} = k(x^2 + y^2) \tag{4.17}$$

$$\phi_{prism} = cy \tag{4.18}$$

$$\phi_{\text{kinoform}}' = \phi_{\text{kinoform}} + \phi_{\text{lens}} + \phi_{\text{prism}}$$
$$= \phi_{\text{kinoform}} + k(x^2 + y^2) + cy \tag{4.19}$$

4.8.3 位相コード

キノフォーム作成においてランダム位相を入力データに付加することは,再生像を得るうえでとても重要である。なぜなら,キノフォームは記録面での振幅が一定であると仮定しているにもかかわらず,その計算法がスペクトル集中を生じさせるフーリエ変換であり,それを改善し振幅分布一定にするための手段であったからである。また,振幅型CGHにおいてもエネルギー集中が起こってしまうことは,表示デバイスへ量子化する際に生じる損失の点からみて悪条件である。

〔1〕 **ランダムコード**(random code)

一様乱数列(式(4.20),(4.21)参照)

$$X_1 = b \tag{4.20}$$
$$X_{n+1} = a \cdot X_n + c \quad (\text{Mod } M) \tag{4.21}$$

によって作成された X の数列がなるべく等確率性と無規則性の性質を満足するように a, b, c を決める。ここで,最大周期信号(M 系列信号)

$$u_n = c_1 u_{n-1} + c_2 u_{n-2} + \cdots + c_m u_{n-m} \tag{4.22}$$

なる数列を考え,任意の0または1の値から始まる $u_1, u_2, \cdots, u_n$ の値を繰り返し求める。そこで,$c_1, c_2, \cdots, c_n$ の係数は数列の周期が最大になるように決める。

ランダムコードはホログラフィーで使用される拡散板のような働きをし,情報(振幅および位相)を平面的にランダムに分散するものである。これにより,振幅分布はエネルギー集中を避けることができ,キノフォームは初めて再生像を得ることができる。

しかし,これでは振幅をランダムに分布しただけで均一化されていないのでキノフォームの仮定(振幅分布一定)を満たすことはできない。さらに,コヒーレントな波面が空間的にランダムな位相分布を与えられると,有限個な開口

を通じて結像された一種の干渉パターンであるスペックルノイズという粒状模様が生じてしまう。

〔2〕 規則性のある位相コード

入力面において振幅分布の均一化とランダム位相コードを付加することで再生像に現れるスペックルノイズを除去する方法として，レーダにおける手法を応用する。レーダにおいて信号の分解能をよくするには送信パルスの自己相関関数を鋭くする必要がある。それには図 4.24（a）のように送信パルスの幅を十分に小さくしなければならないが，同時に十分に大きな電力を供給することは困難である。そこで図（b）のような規則性のある位相の遅れをもつパルスを配列することで補う。レーダにおいて「電力（振幅）が時間的に分散する」のに対してホログラムでは「光波情報（振幅と位相）が記録面に分散する」。したがって，規則性のある位相コードを使用することでキノフォームにおいても記録面での振幅分布が均一化されるものと考えられる。

（a） 電圧（振幅）の大きい送信パルス

（b） 規則性のある位相の遅れをもつ送信パルス

図 4.24 高分解能レーダにおける送信パルス

以下で，その規則性のある位相コード（代表例）を述べる。

（1） R. L. Frank らによる位相コード（Frank code）[37]　　入力面全体のサンプル数を $N=M^2$ のようにとり（M は任意の正の整数），サンプル点（n, m）の値をそれぞれ $0 \sim (N-1)$ に配置し，M 個のサンプル点からなる小さな部分に分割すると，式（4.23），（4.24）となる。

76   4. 立体映像の情報処理

$$n = k \times M + l \quad (4.23)$$
$$m = u \times M + v \quad (4.24)$$

ただし $0 \leq k, u, l, m \leq M$ として n, m をそれぞれ (k, l), (u, v) で表し，サンプル点 n, m における位相 $\Phi_{n,m}$ を式 (4.25) のように定義する。

$$\Phi_{n,m} = 2\pi \cdot \frac{(k \cdot l + u \cdot v)}{M} \pmod{2\pi} \quad (4.25)$$

(2) M. R. Schroeder による位相コード（Schroeder code）[38]　一次元の全サンプル数 N が偶数のとき，式 (4.26) となる。

$$\Phi_{n,m} = \frac{\pi}{N}(n^2 + m^2) \pmod{2\pi} \quad (4.26)$$

奇数のときは式 (4.27)，すなわち

$$\Phi_{n,m} = \frac{\pi}{N}\{n(n+1) + m(m+1)\} \pmod{2\pi} \quad (4.27)$$

と定義する。

4.8.4 位相コードを付加した場合の再生像特性

一次元のパルスデータ（簡単のために単一パルス）に位相コードを付加した

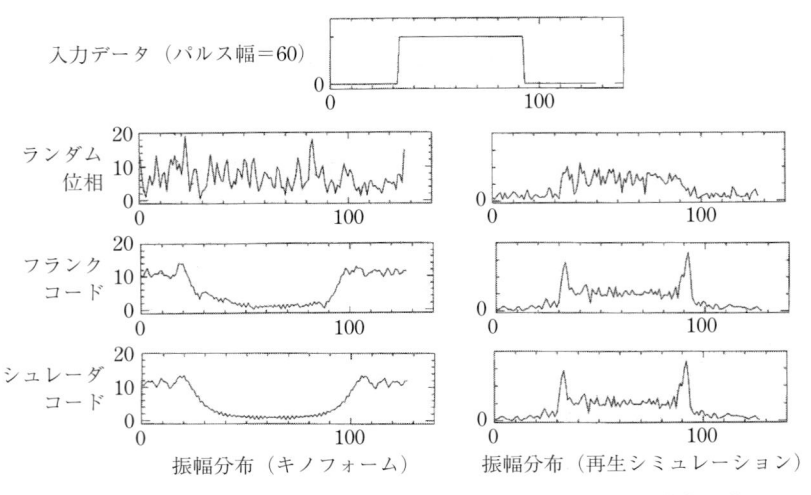

図 4.25　単一パルスデータに対するキノフォームおよび再生像の振幅分布

キノフォームデータを用意し，キノフォームおよび再生像の振幅分布を計算した結果を図 4.25 に示す．これより，Frank，Schroder コードを用いることが，キノフォームおよび再生像における振幅の均一化に有効に機能することがわかる．実際の光学再生においても像コントラストの向上など有効性が認められる（図 4.26）．

ランダム位相

フランクコード

シュレーダコード

キノフォームパターン　シミュレーション再生像　　光学再生像

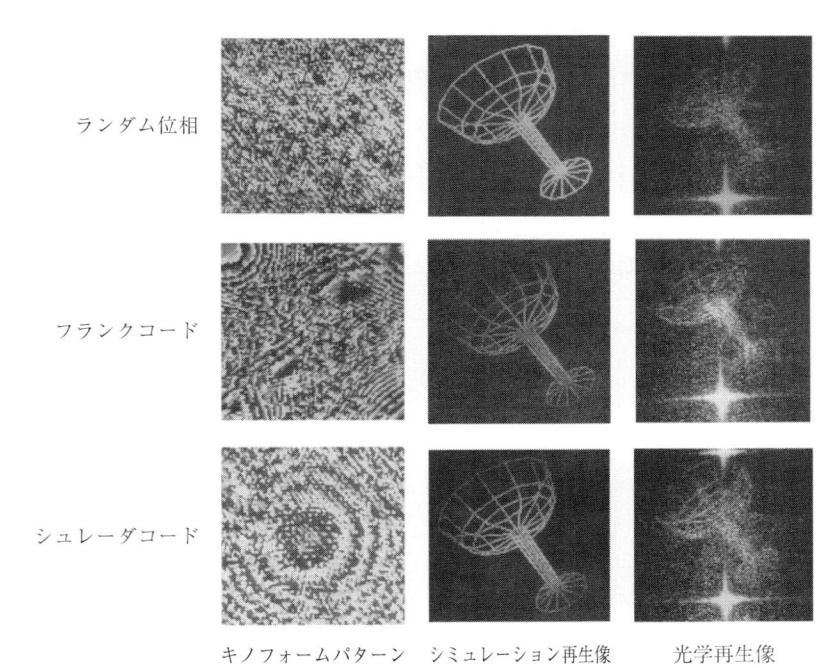

図 4.26　位相コードを付加した場合のキノフォームパターンおよび再生像の特性

4.9　液晶を用いたホログラフィックな立体像再生法

4.9.1　液晶パネルを用いた動画ホログラフィーの観察距離短縮[7),39),40)]

LCD パネルを用いた動画ホログラフィーでは，回折可能な角度は LCD の画素ピッチの細かさに比例するため，現在入手可能な LCD パネルでは性能は十分とはいえない．この問題を解決する手法として，レンズによって回折波面

を収束させ，収束領域にホログラムを表示する手法が深谷[39]，佐藤[40] らによって検討されている．

図 4.27 は LCD パネルを用いた場合の表示法の原理を示している．同図において図（a）はレンズなしの場合，図（b）はレンズありの場合を示している．再生像表示可能領域を延長した直線で囲まれる範囲内では再生像全体を観察することができ，この範囲を視域と定義する．再生像表示可能領域は LCD の周期構造に基づく照明光源の像点を中心に折返しを発生するため，図（c）のように隣合う折返しの領域が接するまでの範囲となる．

（a） レンズなしの場合　　　（b） レンズありの場合

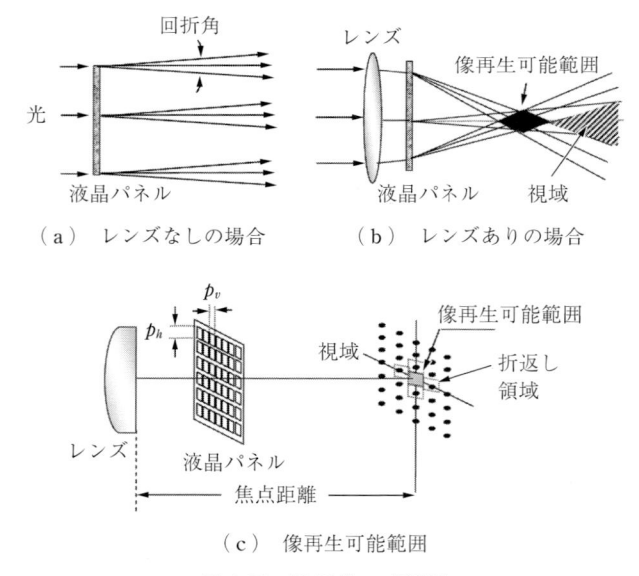

（c） 像再生可能範囲

図 4.27 像再生の原理[7]

ところで，ホログラフィーにおいては，所望の再生像と複素共役像が同時に再生される．レンズを用いた場合，物体光と参照光に角度オフセットを設けない on-axis 型の再生では，**図 4.28** に示すようにレンズの焦点位置を挟んで前後に再生され，二つの像が重なることが考えられる．上述の理由から，この手法ではホログラム作成時に参照光角度を設けることで off-axis 型ホログラムとし，さらにピンホールを用いて複素共役像のカットをしている．さらに，再

4.9 液晶を用いたホログラフィックな立体像再生法

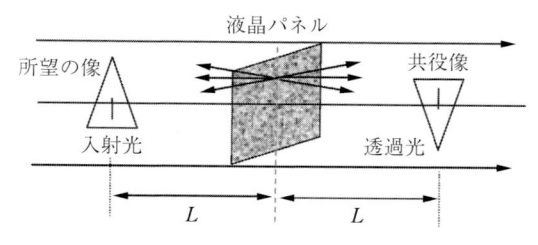

(a) レンズを用いない場合の像再生

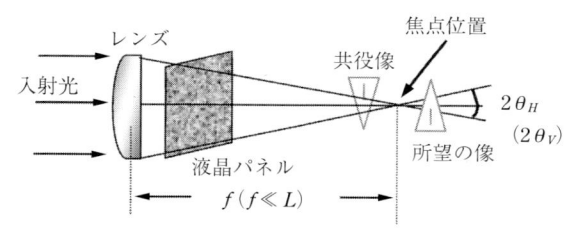

(b) レンズを用いた場合の像再生

図 4.28 レンズを用いた再生法と用いない再生法の原理比較[7]

生用照明光は液晶の変調度が入射角依存性をもつため,その影響を少なくするようにするという理由から平行光とすることが望ましい。レンズを用いる場合,水平方向に off-axis を設けると,所望の再生像と複素共役像はレンズの焦点位置を中心とした点対称の位置関係になる。

レンズを用いて水平方向に off-axis を設けた場合の再生像表示可能サイズ d (d_H:水平方向,d_V:垂直方向) と視域角 $\pm\theta$ (θ_H:水平方向,θ_V:垂直方向) は,p を LCD の画素ピッチ (p_H:水平方向,p_V:垂直方向),n を画素数 (n_H:水平方向,n_V:垂直方向),λ を再生波長,f をレンズの焦点位置とすると,式 (4.28)〜(4.31) で表される。

$$d_H \propto \frac{\lambda \cdot f}{2 \cdot p_H} \tag{4.28}$$

$$d_V \propto \frac{\lambda \cdot f}{2 \cdot p_V} \tag{4.29}$$

$$\theta_H = \tan^{-1}\left(\frac{n_H \cdot p_H - d_H}{2 \cdot f}\right) \tag{4.30}$$

$$\theta_v = \tan^{-1}\left(\frac{n_v \cdot p_v - d_v}{2 \cdot f}\right) \tag{4.31}$$

これより，表示像サイズはLCDの分解能に比例し，視域角は画素数に比例することがわかるが，たがいに独立した量ではない。また焦点距離の長いレンズを用いれば再生像サイズを大きくできる反面，視域が狭くなることがわかる。

4.9.2 接眼レンズを用いた再生像の拡大観察法[40]

光空間変調素子（LCDなど）を用いてホログラム再生を行う場合，再生像の大きさと視域はパネルの画素数に比例し，画素ピッチに反比例するため，現状のLCDパネルを用いた場合，再生像の大きさと視域は十分ではない。この問題を解決する方法の一つとして，接眼方式ホログラフィーが提案されている。この手法の考え方を図4.29に示す。LCDパネルにホログラムパターンを表示させ，結像レンズにより焦点面付近に中間像として，再生像（実像）を結像させる（前項参照）。この実像を接眼レンズにより虫眼鏡の要領で拡大観察する。

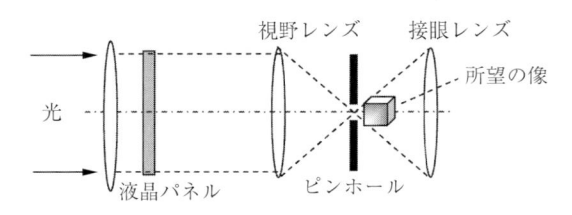

図4.29 接眼方式の考え方

4.9.3 高次回折光を利用した視域拡大法[41]~[44]

NHKの三科らが提案した手法で，干渉縞表示面が液晶パネルのような画素構造をもつ場合に有効な手法である。一般的に，液晶パネルのような画素構造をもつ素子を用いると

① 表示面のナイキスト周波数を超える干渉縞の高域空間周波数が折返し成分として表示される

② 再生時に高次の回折により，高次再生像が繰り返し結像する
という特性がある。通常のホログラフィーでは，折返し成分のない干渉縞から発生する0次再生像が被写体位置に結像する。この場合の視域角は干渉縞表面の分解能に比例する。視域の拡大には干渉縞の折返し成分から発生する特定の次数の高次像が被写体位置に結像する特性を利用する。被写体位置に結像する高次像と，通常のホログラフィーによる再生像とは結像に関与する光路がそれぞれ異なるため，各光を合成することで干渉縞表面の分解能を上げることなく視域を拡大できる（図4.30）。

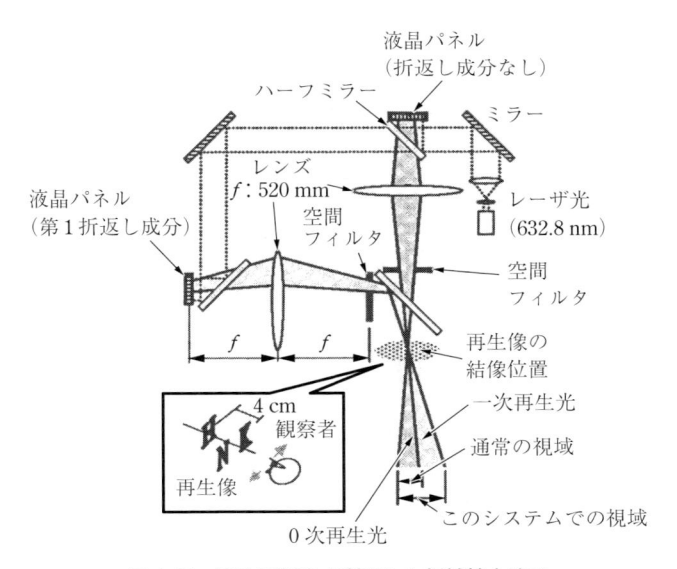

図4.30　高次回折光を利用した視域拡大法[42]

三科らが提案した表示装置では，2式のホログラフィー装置から構成され，それぞれ，折返しのない干渉縞からの0次再生像と，第1折返し成分からなる干渉縞からの一次再生光を発生する。これらの光をハーフミラーで合成し，視域を2倍に拡大している。

4.10 カラー化について

4.10.1 3色のレーザを用いたカラー再生装置（1号機）[45]

RGBの三色光のレーザと3板構成のLCDパネルを用いたシステム（図3.34）であり，図3.36のように高いコントラストでカラー立体動画像を表示できる手法である。その一方で，RGB 3色のレーザを用いることからシステムが煩雑化するという特徴がある。

4.10.2 白色ランプを用いたカラー再生装置（2号機）

図4.31に白色ランプを再生用光源として用いたカラー立体像表示用システム[46]を示す。この図において，図（a）が光学系全体，図（b）が再生光合成部詳細（図（a）の点線部分），図（c）が分光前のメタルハライドランプの波長スペクトル，および分光後の各再生波長スペクトル（図中の赤，緑，青に相当）である。この手法ではホログラム作成時の参照光を平行光としており，メタルハライドランプから得られた光をピンホール1によって点光源化することで空間的コヒーレンスを改善し，さらにコリメータレンズで平行光の状態に近づけている。つぎに波長選択性の良好なダイクロイックミラーを用いて各波長帯域での立体像再生に必要となる波長光に分光し，狭帯域化を行っている。これは，光源の時間的コヒーレンスを改善したことに相当する。このようにして得られた光を各液晶パネル（ホログラム面）に照射する。このときに液晶パネル上には電気的にホログラムパターンを書き込み，ホログラム面を形成する。このようにして得られた各波長帯域の再生光を，以下の調整を施した後に近接領域にそろえればよい。

① レンズ1を用いて再生像を結像させた後，接眼レンズ（レンズ2）を用いて像を拡大する。さらに，焦点面の近傍にピンホール2を配置し，不要な0次光を空間的に分離する。

② 3波長の再生光および0次光の結像位置を，図中の★マークのミラーの

4.10 カラー化について　　83

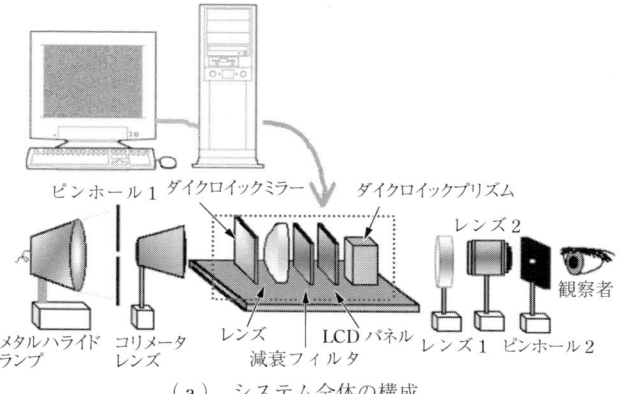

（a）　システム全体の構成

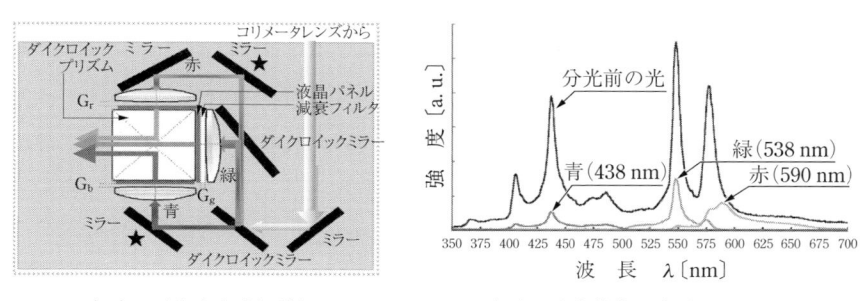

（b）　再生光合成部詳細

（c）　分光前後の波長スペクトル

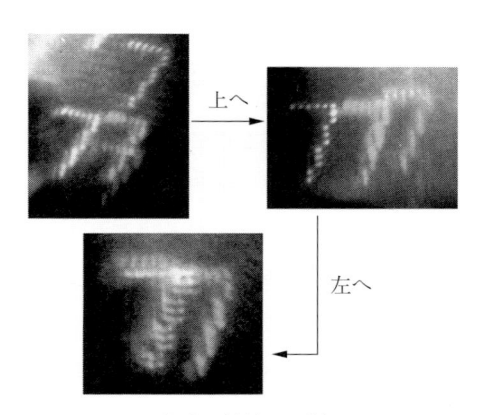

（d）　結果の一例

図 4.31　白色ランプから分光した光を用いたカラー立体動画像再生

角度調整，および液晶パネルとプリズムの間の距離で調整する。
③　波長帯域間の光量バランスがとれていないと3波長の立体像の同時観察が困難となるため，図4.31（c）における各波長帯域のピーク値の強度がほぼ等しくなるように光量調整する。

この方法により図4.31（d）に示す結果が得られている。

また同様に白色レーザから分光した光でカラー再生を行う手法も検討されており，よりボケの少ないカラー立体像が表示されている[47]。

4.10.3　虚像再生法を用いたカラー再生装置（3号機）

表示デバイスの特性から，大きな立体像の表示が困難なため，前項まではレンズを用いた像拡大法を概説した。しかし，レンズを用いた再生法では，視域と像サイズがトレードオフの関係にあり，広い視域で大きな像を表示することは困難である。さらに，インコヒーレント光を用いて像再生を行う場合には，ホログラム面と再生像表示位置の間の距離を長くするとボケの影響が無視できない[7],[46]。

これらのことから，インコヒーレント光を使用した場合には，小型観賞装置を構築することが現実的な選択肢となると考えられる。他方，これまで検討されてきた手法では，共通して再生照明光を平面波に近づけていたため，装置構成が煩雑になる傾向があり，小型単純な装置化への大きな障害となっていたと考えられる。3号機[48]では虚像再生法を用いているので，光源（メタルハライドランプ）近傍のコリメータ，液晶パネル近傍の結像レンズ，接眼レンズを省略した簡便な方法で立体像の表示が可能となる。これにより，観賞装置の大きさが前項で述べた手法に比べ，40％程度に小型化されている。

システムの構成の一例を図4.32に示す。図（a）が光学系全体，図（b）が再生原理，また図（c）がこのシステムで再生されたカラー立体像の一例である。

4.10 カラー化について　　85

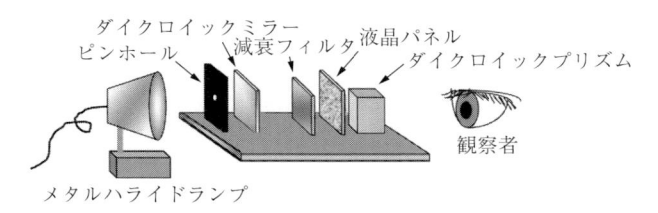

（a）システム構成

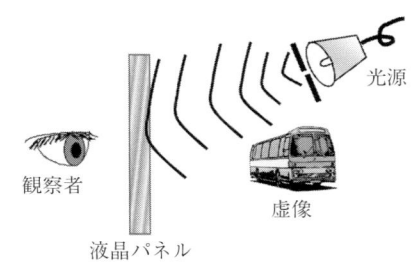

（b）像再生の原理

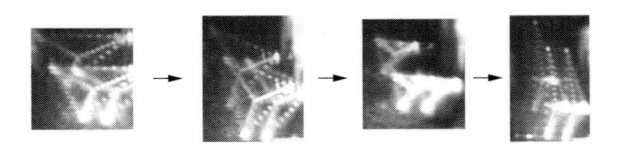

（c）結果の一例

図 4.32　虚像再生法を用いたカラー再生装置（3 号機）

4.10.4　DMD を用いたカラー再生装置（4 号機）

DMD は入射光をミラーで反射する素子であるため，高輝度な像を表示できる特徴をもつ[49]。

そこで，従来の透過型 LCD に比べ高精細な DMD パネルを表示素子として用い，これに虚像再生法を適用することでレーザ再生，白色再生時ともに，比較的良好なカラー像が表示可能である[50]。

このシステムでは，以下のようにしてカラー立体像を再生する。

① 1 灯の白色光（白色レーザ，メタルハライドランプ）から得られた光を

ピンホールにより点光源に近づける。

② 7 200 rpm で回転するダイクロイックフィルタによりカラー再生に必要な単色光に時分割で分光する。同時に，現在選択されている波長光をセンサにより取得し，同期調整回路（**図 4.33**）に通知し，対応する波長の CGH を DMD パネル上に表示する。ここで，毎秒 30 コマで動画像を表示した場合には，カラーフィルタのリフレッシュレートは 120 Hz となる。このことから，本手法での各色における最大リフレッシュレートは 120 Hz となる。なお，PC の VGA 出力信号によりリフレッシュレート 60 Hz として CGH データを入力しているので，システム全体としては RGB それぞれ 60 Hz で動作している。

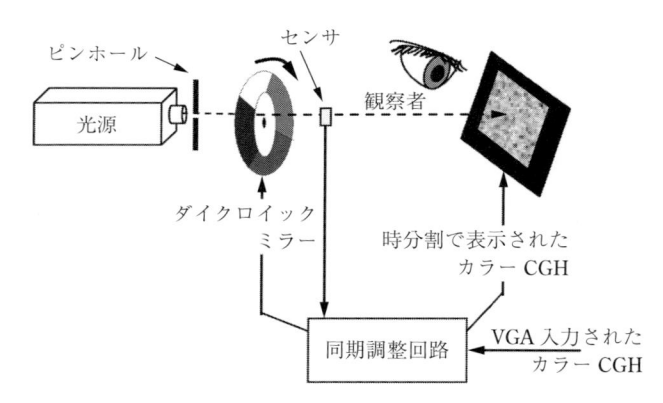

図 4.33　DMD を用いたカラー再生装置（4 号機）の構成

③ ホログラム作成時のパラメータ調整で光軸方向の位置ずれを吸収することが可能となっている。

④ 以上のようにして得られたカラー再生像を眼の残像を利用し，虚像として覗き込んで観察する。

また，DMD 表示素子の代わりに反射型 LCD を用いた再生法[51]も検討されている。

4.10.5 LEDと虚像再生法を用いた個人観賞型カラー再生装置（5号機）[52]

〔1〕 **LEDを用いる意義**

三色光の超高輝度LEDを光源として用いることで，① 白色ランプに比べて，光源サイズが小さく，光源の広がりに起因するボケを軽減するうえで有効，② 高輝度であるうえに，発生熱量が小さい，表示装置の小型化に向く，③ 発光波長スペクトルが狭いため，ボケ軽減に有効（同様の理由からパララックスバリア法[53]など他の手法でもLEDが使用されている），④ 動作電流によりRGB独立に強度調整が可能なため，ホワイトバランス調整が容易となる，などの利点がある。

〔2〕 **カラー再生装置の構成について**

5号機の全体のシステム構成を図4.34に示す。光源にはDCでドライブする3色のLEDが採用され，定電流ダイオード（図中のD_R, D_G, D_Bに対応）により動作電流超過を防いだうえで，可変抵抗（図中のVR_R, VR_G, VR_Bに対応）で照度調整がなされている。これにより，RGBの各波長光の強度調整が容易になっている。以上のようにドライブしたLEDを点光源とみなし，直接，液晶パネル（各波長に対応するCGHを形成）に照射する。このようにし

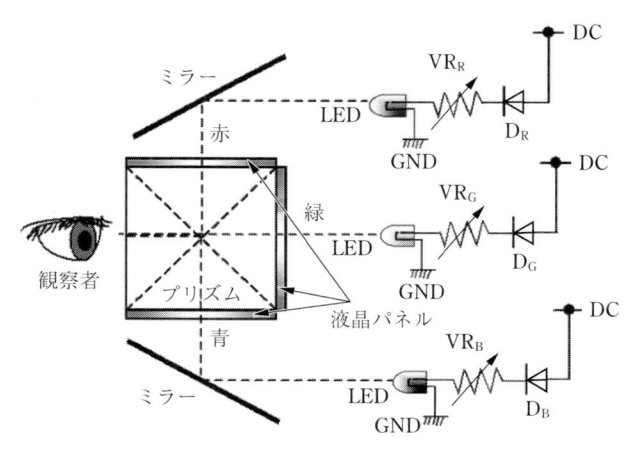

図4.34 超高輝度LEDを用いたカラー再生装置（5号機）の構成

て得られた RGB の回折光（再生波面）をプリズムで近接領域に集めた後に，LCD 奥部分に表示された虚像を観察するシステムである．なお，装置サイズは $W\,25\,\mathrm{cm} \times H\,19\,\mathrm{cm} \times D\,90\,\mathrm{cm}$ であり，4.10.3 項の方式（$W\,240\,\mathrm{cm} \times H\,19\,\mathrm{cm} \times D\,90\,\mathrm{cm}$）に比べ，90％程度小型単純化されている．さらに，小型化を進めることで1章の図1.2に示すホログラフィック HMD の誕生も期待される．

〔3〕 光源のフィラメントによるボケの軽減

光源（LED）と LCD（CGH）との間に距離を設けている．ここで，LED を LCD（スリット）に近づけるときには，点光源の扱いはできなくなり，光源の広がりが回折に影響する．LED は図 4.35 に示すように，カソード，アノード，チップ，ワイヤ，エポキシ樹脂から構成される．カソード部分とアノード部分は Au ワイヤで接合されており，LED チップ（0.3～0.5 mm 角程度）の直下の PN 接合部から発光する．なお，LED チップの材料により発光波長が決定され，実質上 LED チップの大きさが光源の大きさとなる．したがって，LED を LCD に近づけすぎると，LCD の1画素（開口）に対する LED チップ（発光点）の大きさが無視できなくなり，LED チップの各部分から LCD パネルに到達した光から，それぞれ像が形成され，ゴースト像の原因となる．事実，LED 近傍にピンホールを挿入し LED を LCD に近づけると像再生は困難となった．

さらに，LED では PN 接合部より発せられた光がエポキシ部分を透過する構造であるため，PN 接合部分から発せられた光が LED 前方のエポキシを通

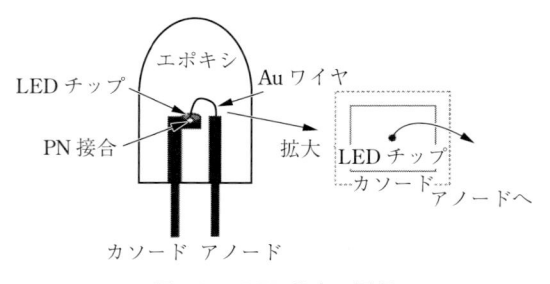

図 4.35　LED 発光の原理

過する場合には，エポキシがレンズとして作用することになる。この条件では LCD パネルに発光部の影が投影され，像コントラストが著しく劣化し，大きなボケを発生する原因ともなる。逆に LED をやや遠方に配置すれば，LED を点光源として扱うこが可能となるが，同時に光量劣化のために LCD パネルへの均一照射が困難となり，ホログラム再生に必要な有効画素数が減少し，結果的に像コントラストが低下する。

以上の問題を解決するために，LED を傾けて使用する方法が報告されている。LED を傾けて使用することで，LED（光源）の見かけ上の大きさが小さくなり，LED と LCD の間の距離を大幅に短縮できる，エポキシによるレンズ効果を回避できる，などのメリットが生まれ，再生像特性が大幅に改善されている。ここでは，ＥＩＬ31-3Ｇ（豊田合成（株）製）を用いた場合の再生結果を例に説明する。

図 4.36（a）は LED の光軸方向と LCD パネルを垂直にした場合（$L_1 = 70$

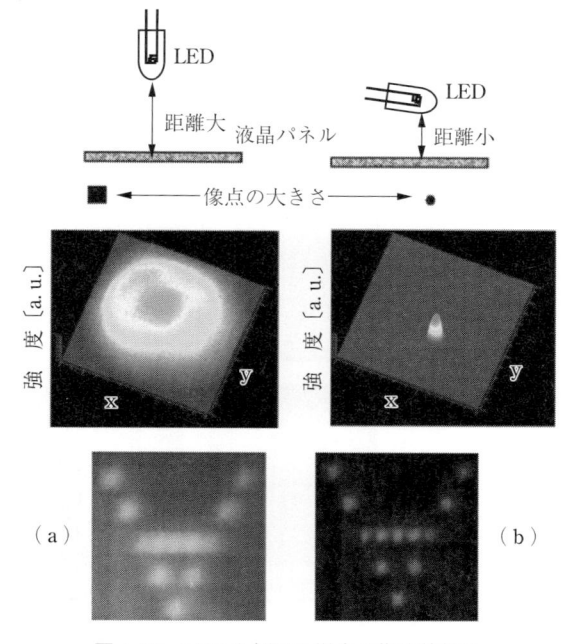

図 4.36　LED を傾けた場合の像改善効果

90　4. 立体映像の情報処理

（a）赤　色　　（b）青　色

（c）緑　色

E 1 L 31-3 G 使用時　UC 3803 X 使用時

（d）紫　色

（e）黄　色

（f）青緑色

（g）白　色

E 1 L 31-3 G 使用時　UC 3803 X 使用時

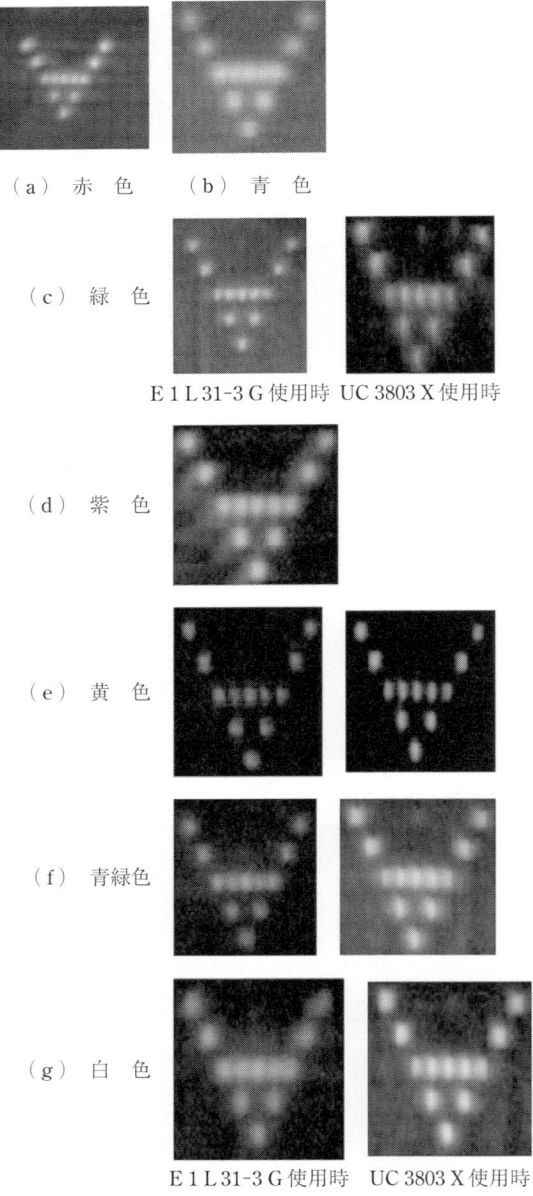

図 4.37　超高輝度 LED を用いた単色および合成色の再生

cm),図(b)は LED を傾けて配置した場合($L_2=34$ cm)である。LED を傾けて配置することで大幅な像特性の改善が達成されている。

〔4〕 **表示装置で得られたカラー立体像の特性**

色特性について,フルカラー立体像の再生結果の一例を紹介する(**図4.37**)。これを見ると,赤,緑,青に加え,合成色である黄,紫,青緑,白の像

(a) 緑波長に UC 3803 X 使用　　(b) 緑波長に E 1 L 31-3 G 使用

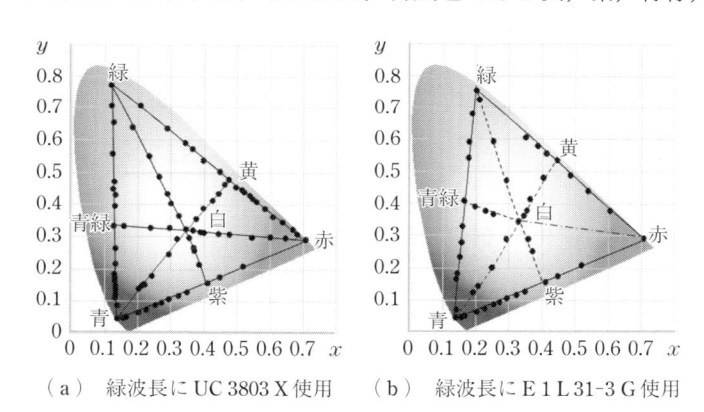

図 4.38　再生像の色特性

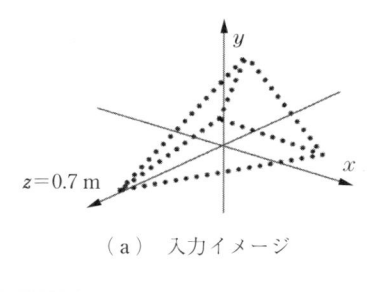

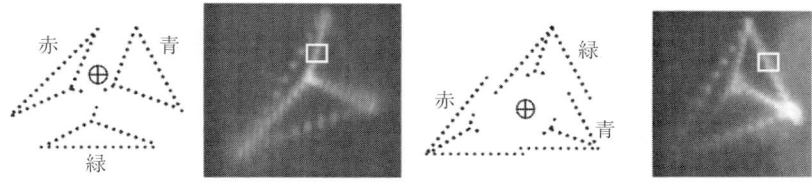

(a) 入力イメージ

(b) 色の組合せと再生例-1　　(c) 色の組合せと再生例-2

図 4.39　フルカラー立体像の再生例

が高コントラストで表示されていることがわかる．さらに，再生像の色変化（再生光全体）を色度図により確認する（図 4.38）．図 4.38（a）は緑波長にUC 3803 X（やや短い波長）を，また図 4.38（b）は E 1 L 31-3 G（やや長波長）を用いた場合を示している．しかし，三色光の回折像のボケの大きさが同一ではないため，色にじみが発生していることがわかる．このような色にじみを軽減するには回折像のボケの程度を同一にする必要がある．さらに，図 4.39 に示すカラー物体の再生も可能となっている．

4.11　動画ホログラフィー投影システム

4.11.1　レンズレス実像投影法[54]

　結像レンズを用いた実像再生法では，焦点距離の長いレンズを使用することで大きな像を表示することが可能となる反面，視域が制限されるという問題がある．そこで，ここでは視域を拡大する目的で，点光源を表示素子に直接照射する，レンズレス実像再生を行う．この再生法の原理を図 4.40 に示す．レンズなし実像再生法では，ホログラムのもつ結像作用のみで像を再生するので，レンズのもつ視域-像サイズのトレードオフの制約を受けないことが特徴であり，再生光に十分な輝度とコヒーレンスがあれば，投影距離を確保することも可能になり，大きな立体像を表示することが可能となるものと考えられる．

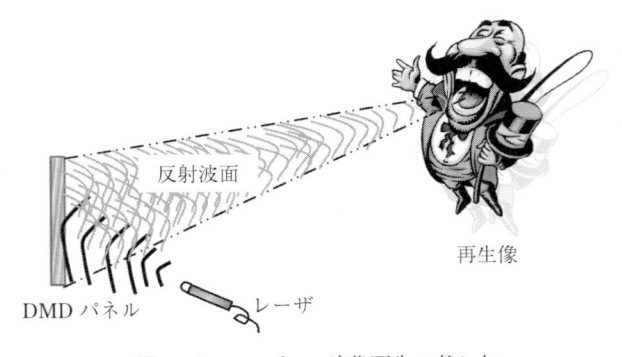

図 4.40　レンズレス実像再生の考え方

4.11.2 実際に構成された装置の紹介

〔1〕 容器内の対流を利用した立体像投影システム（1号機）

図4.41に示すように，白色レーザから射出された光を，回転式カラーフィルタにより，カラー再生に必要となるRGBの波長光に時分割で分光する。そのときにDMDには分光された波長光に同期させて，対応するCGHを形成させ，RGBの回折光を得る。再生波長の違いによって散乱光強度が異なり，再生光のホワイトバランスに影響を及ぼすので，回転フィルタ部にNDフィルタを追加することでRGBの波長間での再生光強度比を調整する必要がある。上述の内容より，単色光再生時の光学系を容易にカラー再生に拡張させることが可能となる。このようにして得られた反射波面を水粒子中に投影している。

この手法で採用された水粒子について述べる。水道水を超音波振動子（3

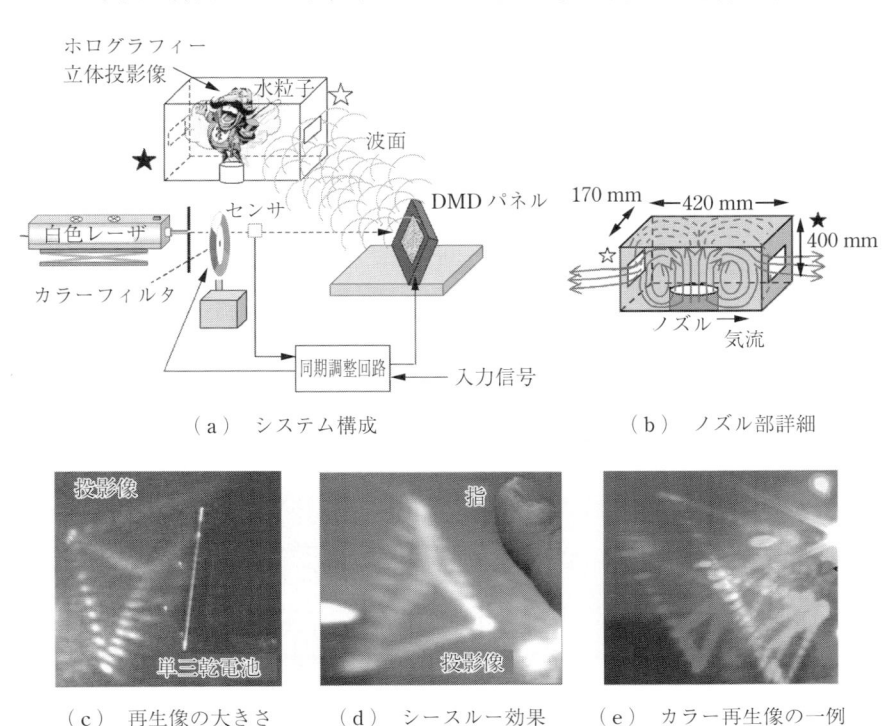

（a）システム構成　　　　　　（b）ノズル部詳細

（c）再生像の大きさ　　（d）シースルー効果　　（e）カラー再生像の一例

図4.41　カラー立体像投影装置（1号機）

MHz）で，粒子化させたうえでノズル（直径 2.5 cm の円形）より，一定のパワーで噴射させる。自由空間で移動する微粒子によって，再生光が散乱され像が表示される。ノズルから噴射された水粒子は図（b）に示すように対流する。このときに図（b）に示すように，光入射口（★印部分）および出射口（☆印部分）を設けることで，若干量ではあるが，水粒子が外部に流出する。これにより，噴射された水粒子を容器に充満させすぎずに一定流量に近づけ，表示像における揺らぎの影響を軽減させている[54),55)]。さらに，白色ランプを用いた動画投影法も検討されている[56)]。

この手法で表示した投影像のサイズは単三乾電池より大きく（7×7 cm，図 4.41（c））であり，視域は左右合わせて 25° 程度である。再生像輝度の低下が若干許容される場合には，15 cm×15 cm 程度の像が表示可能であった。本手法を用いない場合では大きさが 2 cm 程度，左右を合わせた視域が 10° 弱であることから，水粒子の散乱を用いたスクリーンによる視域拡大の効果が認められる。また，本手法により空中結像によるシースルー効果（図 4.41（d）参照）が得られ，カラー像も投影可能（図 4.41（e））となっている。

〔2〕 気流整流器を用いた立体像投影装置（2号機）

（1） 気流整流器の必要性　　霧（水粒子）を噴霧した空間に立体像を投影する場合には，水粒子の流動性により投影された立体像に揺らぎが発生する。水粒子は，広範囲に噴霧することで気流や重力の影響を大きく受けるため，さまざまな方向に流動する（図 4.42）。水粒子スクリーンの流動を改善するために，水粒子の指向性を高めるノズルと重力の影響による水粒子の流動を軽減す

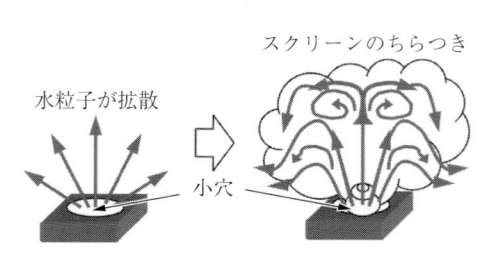

図 4.42　従来手法による水粒子の流動

る水粒子排出部を組み合わせた気流整流器を用いた再生法が検討されている[57]。

図4.43に示すように水粒子が気流整流器内部に入ると，矢印の方向に集められ，開口部（2 cm（H）×10 cm（W）×1.5 cm（D））を通る．つぎに水粒子が開口部を通過すると整流され，指向性を高める原理となっている．そのため，気流の影響，すなわち揺らぎの軽減が可能となる．しかし，上向きに水粒子を噴霧しているため，水粒子は重力の影響により下降し，揺らぎが生じる．重力の影響により下降した水粒子は，ノズルの上部に設置された「水粒子排出部」で外部へと排出される．これにより，スクリーンの有効面は 10 cm（H）×10 cm（W）×3 cm（D）となっている．水粒子の流動の様子から，気流整流器を用いた場合のスクリーンの揺らぎの軽減効果を述べる．

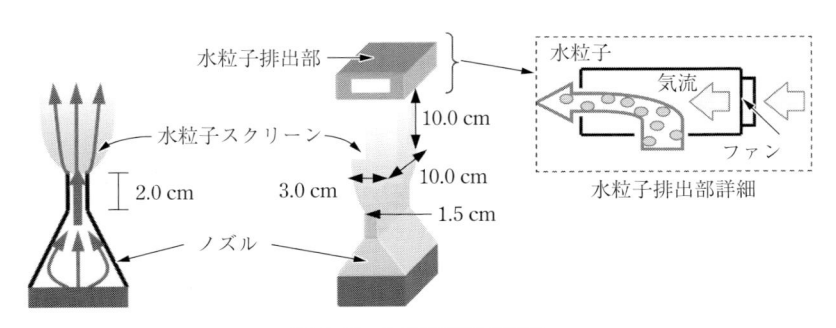

図4.43 気流整流器の構造

図4.44（a）は揺らぎ軽減を行わない場合，図（b）は気流整流器を用いた場合の水粒子の流動の様子を示している．水粒子は時間に対して流動するため，1秒ごとに撮像した粒子画像を用い，かつ白い破線を用いて水粒子の流動を示す．揺らぎ軽減を行わない場合には，水粒子が左右に流動し，時間が経過しても同様に水粒子の流動が確認できる（図（a））．それに対して気流整流器を用いた場合，水粒子の指向性が高められ，水粒子の流動が軽減されていることがわかる．そのため，時間に対する水粒子の流動も軽減され，揺らぎが改善されていることがわかる（図（b））．以上の結果から気流整流器の有効性がうかがえる．

96　　4. 立体映像の情報処理

（a）揺らぎ軽減を行わない場合

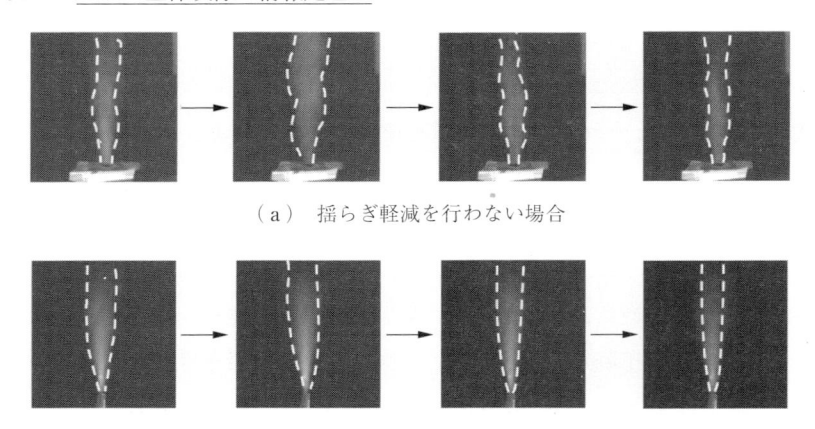

（b）気流整流器を用いた場合

図 4.44　気流整流器の有無による水粒子の流動

（2）気流整流器を用いた立体像投影法　気流整流器を用いた立体像投影装置の構成を図 4.45 に示す。再生の原理は前項と同様であり気流整流器により揺らぎが軽減されたスクリーンにホログラムからの回折光が投影される。

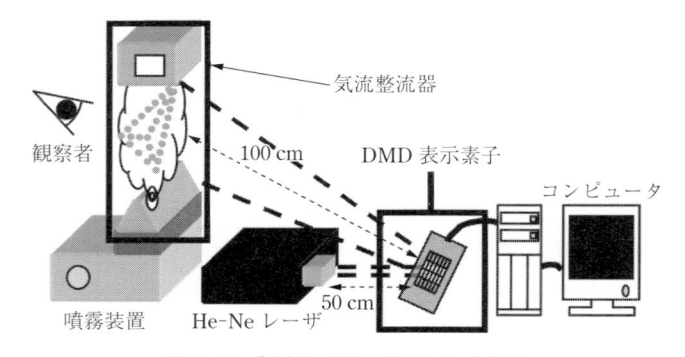

図 4.45　気流整流器を採用した 2 号機

揺らぎの軽減を行わない場合には，再生像に揺らぎが顕著に生じ，再生像（点像）のボケが生じる（**図 4.46（a）**の点線内を参照）。気流整流器を用いた手法では，再生像の揺らぎが大幅に軽減され，コントラストの高い再生像（点像）が得られている（図（b）の点線内を参照）。

さらに，水粒子の噴霧量を変化させることで，スクリーンの透過率が変化す

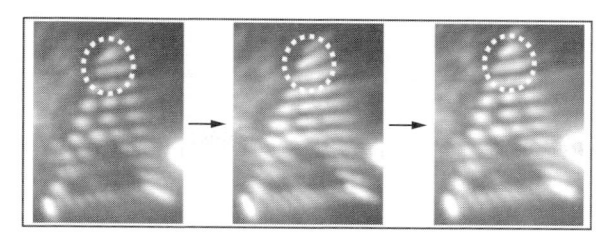

4.11 動画ホログラフィー投影システム

(a) 揺らぎ軽減を行わない場合

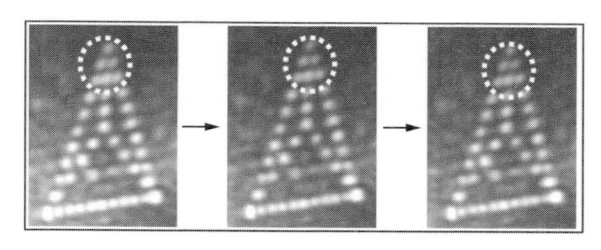

(b) 気流整流器を用いた場合

図 4.46 気流整流器の有無による像特性の比較
(1 秒おきに撮像された例)

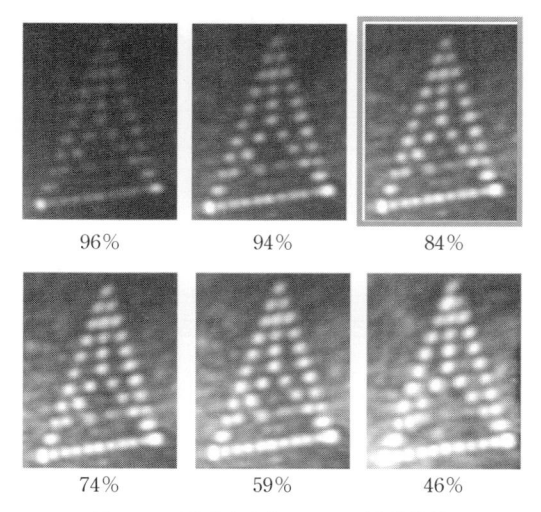

96%　　　　94%　　　　84%

74%　　　　59%　　　　46%

図 4.47 透過率変化による再生像特性

る。そこで透過率変化に伴い再生像特性がどの程度変化するのかを述べる。スクリーンの透過率を6段階に変化させたときの投影像の一例を図 4.47 に示す。これより，透過率が高い場合，再生像の輝度は低いがボケの影響が少なく，再生像のコントラストは高くなり，逆に透過率が低い場合，再生像の輝度が高いがボケの影響が高く再生像のコントラストが低下する傾向が確認された。これより，再生像の輝度およびコントラストがバランスよく保たれる透過率が存在することがわかる。この報告例では透過率が84％の場合に，最も良好な再生像が得られている。

上述した再生法が確立すれば図 4.48 に示す立体ディスプレイの誕生も現実のものとなろう。

図 4.48　空中投影ホログラフィー方式立体ディスプレイ（完成予想）

4.12　ホログラムを記録する手法について

坂本らによって CD-R ディスクにホログラムを書き込む方法が検討されている[58]。表 4.1 にこの CGH 描画用 CD-R ドライブの仕様を示す。この装置では半径方向のドット間隔はプリグルーブの間隔によって決まり，約 $1.5\ \mu$m である。これに対して，回転方向のドット間隔は CAV 方式であるため中心部では狭く（解像度が高い）約 $1.5\ \mu$m で，周辺部ほど広く約 $3.6\ \mu$m となる。

表 4.1　実験に使われた CD-R ドライブの仕様

ドット数	半径方向	8 192 pixel
	回転方向	4 096 pixel
最小ドット数	半径方向	1.5 μm
	回転方向	1.5 μm（最も内側）
描画範囲	半径方向	12.3 μm
（最小ドット時）	回転方向	6.2 mm（最も内側）
描画時間（最小ドット時）		21 min

このため，描画領域は扇形となる．この CD-R ドライブシステムを用いてホログラムを描画し，いくつかのタイプのホログラムで像再生実験が行われた．

作製されたホログラムは，いずれもインタフェログラム型のバイナリホログラムで，再生照明光は赤色 LED を用いて再生され，良好な再生像が得られているが，本来見えるはずの実像のほかに，虚像が重なるという点が課題として残っている．また，像を見ることができる視域が狭く，一定の角度からでないと明瞭な像を見ることができなかった．特に，回転方向に沿って視点を上下させた場合は，約 2° 程度と視域が狭い．この原因として，回転方向のワウフラッタにより，半径方向に回折光が広がるためである．この CGH 描画用 CD-R ドライブを用いることによって，仮想物体の設計，ホログラムデータの計算，ホログラム描画，像再生が卓上で実現が可能となる．このほかにも，フォトレジストへのレーザによるホログラム直接書込み[59]や，フリンジプリンタ[60]などさまざまな方法が報告されている．

4.13　む　す　び

本章では，電子ホログラフィーを用いた立体ディスプレイの最近の展望について概説した．電子ホログラフィーの応用としてはマルチメディアへの応用が期待される．バーチャルリアリティ（VR）などの立体映像と人間とのインタラクティブな分野への応用や，CAD などの三次元的なモデルの設計や外科手術などを対話的に行うことができるシステムが考えられる．建築物や車のデザ

100   4. 立体映像の情報処理

インの設計，医療，ゲームへの応用，その他通信を介した立体 TV 放送など幅広い可能性が考えられる[61, 62]。

　電子ホログラフィー技術を用いた立体テレビの将来像を**図 4.49** に示す。電子ホログラフィー方式立体テレビについては表示デバイスの高精細化と大画面化に負うところが大きいが，新しい表示でバイスの開発も行われている。電子ホログラフィーの研究をマルチメディア時代におけるホログラフィー技術の流れととらえると興味深い。写真が映画になり，電子技術と融合してテレビジョンが生まれたように，はじめ写真術としてのホログラフィーも映画が作られ，さらにディジタル技術を用いた電子ホログラフィーの研究が活発に行われるようになり，最近ではインタラクティブ性を付加したホログラフィーテレビジョンに関する興味がもたれつつある。

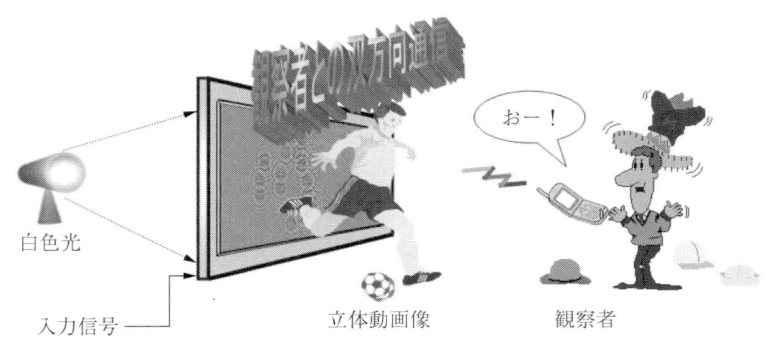

図 4.49　将来のホログラフィー 3 D TV

5 VRへの応用

　PCを中心とした近年のハードウェアの進化により，立体映像を含む三次元映像技術はめざましい進歩を遂げるとともに，われわれの生活により近づきつつある．まず本章では，三次元映像技術の研究分野における用途の一つとして，バーチャルリアリティ（virtual reality：VR）への応用に注目する．特に，立体映像を等身大表示することで高い没入感を実現する没入型ディスプレイの誕生と進化の変遷，および最新のシステム構築事例を紹介する．

　VRにおいては，実在しない世界をあたかも現実のもののように感じさせることがそのすべてである．人間は外界を察知するために視覚・聴覚・触覚・味覚・嗅覚といった五感を備えている．この世に存在しない世界を実在するかのように感じさせるためには，この五感に対して現実世界と同等の刺激を与えることが求められる．

　例えば，実在しないお伽の世界を目の前に実現しようとするならば，昔からわれわれの身近な存在として知られているテーマパークのように，広い敷地を使って幻想的な建物を並べそろえてまちを作り，演技達者な役者を多く配してそのまちに住まう人々を演出し，さらには技巧を凝らした機構を用いた不思議で刺激的な体験が可能なアトラクション設備を完備して来場者を魅了する必要がある．実在するテーマパークを思い浮かべれば容易に想像できることであるが，このような実在しない世界を世に実現させるという魔法のような試みは，きわめて困難であり，それゆえに挑戦的な試みであるといえる．

　VRでは，テーマパークの例のように実在しないものを限定された条件下で実在させるのではなく，実在しないものが実在するのと同等の刺激を体験者に

与えることのできる仕組みを提案するアプローチが数多く試みられてきた。例えば，人間の感覚の80%以上を支配するといわれている視覚に関しては，ディスプレイやプロジェクタを使って，そこに物体が存在するかのような映像を提示することで，実際に物体が存在する場合と同等の視覚刺激を体験者に与えることができる。聴覚に関しては，そこに実在するはずの，しかし実在しない音を，実在するはずのタイミング・音量・方向で聴かせることで，体験者にとっては実在する音となる。

特に視覚に関しては重要であり，コンピュータの中で仮想的に構築された非現実的な世界を，近年急速に発展しつつあるコンピュータグラフィックス（computer graphics：CG）技術を利用して提示することで，実在する物体とまったく区別のつかない表現が可能になりつつある。また，映像を提示するディスプレイに関してもさまざまなものが提案され，いま目にしている映像が現実のものなのか仮想のものなのか，区別することが困難になるようなシステムも多数構築されている。さらに，これらに立体表示技術が加わることで，平面空間に描かれるだけであった映像が立体感を備え，奥行き感のある仮想世界を体験者の眼前に展開することが可能になるのである。このような三次元映像技術は，先に例としてあげたテーマパークでも近年利用されるようになり，仮想の世界を効率的に実現するのに一役買っている（図5.1）。

このように，三次元映像技術のVRへの応用は，より現実に近いVR世界の構築に大きく貢献しているといえる。そして，今後のVRに与えられた大

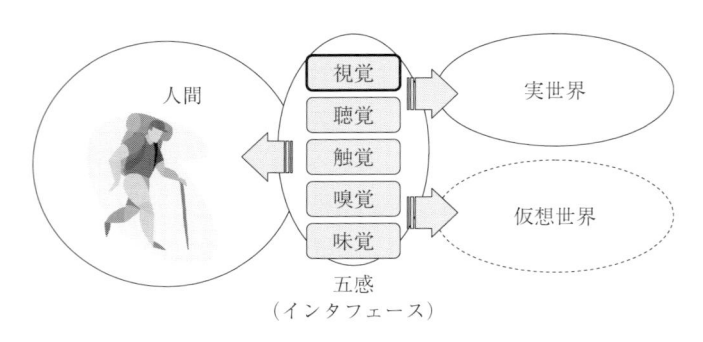

図5.1 仮想世界と人間の関係

きな課題は，このような三次元映像技術によって実現される映像を効率的に生成し，それを現実であるかのように体験者が受け取ることのできる提示手法を確立することであるといえる。

本章では，三次元映像工学技術に基づいて作り出された映像を，仮想現実の体験者に効果的かつ効率的に提示可能な没入型ディスプレイシステムを中心に，その変遷と最新の構築事例を紹介していく。

5.1 VRにおけるディスプレイ装置の変遷

最近のCG技術の進歩には目を見張るものがあり，映画やTVコマーシャルなどで日常目にする映像の中にも，これらの多くの技術がふんだんに盛り込まれている。そのおかげで，現実には起こりえないような映像がTVや映画館のスクリーン上で展開されている。しかし，それらの映像がどんなに現実的であっても，一般視聴者はその映像世界と一体化するまでには至っていない。

VRは仮想世界を構築する技術であり，三次元映像技術を駆使して作り出した映像が体験者にとって現実であるかのように感じさせることが求められる。映像の品質だけが重要な要素ではないということは，上述の映画などの例からも明らかである。例えば，海賊たちが暴れ回る映画のシーンを，座り心地のよいソファーに座りながら眺めているのでは，自分がその海賊たちを打ち倒すヒーローになった気分は味わえないのである。つまり，映像の世界の出来事が，あたかも自らを取り囲んだ世界の一部として起こっているように感じられる，そんな映像提示環境が必要であるといえる。

そこで本節では，多くの研究者たちが，映像をより現実的に体験者に伝える手段として提案してきたディスプレイ装置の変遷を紹介する。

5.1.1 HMDの登場

非常にシンプルかつ強力な考え方として，コンピュータ映像のみを体験者に見せることで，その世界の中に入り込んだような感覚，すなわち没入感を得る

ことができる。上下左右どこを見回してもコンピュータによって作り出されたリアルな映像が連続的に提示されるのであれば、それは体験者にとって現実世界からの視覚刺激と差異のない存在となることが期待される。

　この考え方を第一に取り入れたのは、VR の直接的なルーツとしてよく引き合いに出される「究極のディスプレイ」と呼ばれる装置である[1]。この装置は、当時アメリカユタ大学に在籍中であった Ivan E. Sutherland によって発表されている。彼はこのシステムを提案する3年前に、これまでモニタの上に描かれていた二次元の絵でしかなかった CG を三次元化し、あたかもそこに実在する物体であるかのように表示するアイディアを提案している。当時の計算機能力では実現困難であったが、計算機の進化を見据えた革新的な提案だったといえる。この考えに基づいて試作されたのが「究極のディスプレイ」である。

　このシステムで最も注目される部分は、なんといってもヘルメット状のディスプレイである。これは後に head mounted display (HMD) と呼ばれる装置の原型である。眼前に光学系を介して小型のディスプレイを装着することで、当時としては非常に広い画角の映像のみを体験者に提供することを可能にした。さらに、ヘルメットの頂上部分から天井につながるリンク機構が備えられ、このリンクの各関節角度を測定することで、頭部の位置と姿勢を計算することができた。この情報を CG 生成用の計算機にフィードバックすることで、体験者の視点の方向や移動を反映させた三次元映像を生成することが可能であった。

　そして、この映像を HMD の小型ディスプレイに表示することで、体験者が右を見れば右の影像が、また左を見れば左の映像が体験できた。これにより、体験者はコンピュータによって作られた映像世界を実際に見まわしているような感覚を得ることができた。このような感覚は、これまでのモニタ上に静的に表示された映像を観察することとは一線を画するものであり、これまでモニタの中の映像世界を第三者的に傍観していた体験者が、その世界の中に入り込んだ立場から周囲を眺める感覚を得ることができるものであった。すなわ

ち，VR において重要な要素とされている"没入感"に大きく寄与するものであったといえる。

　このような HMD 装置は，VR という言葉の起源となった VPL 社の EYE PHONE システム（1989 年）でも採用されている。このシステムではゴーグル状のディスプレイ装置が用意され，手の動きを計測するデータグローブ装置と併用することで，仮想の世界を自由な視点から眺め，さらには手で触ったり，自由に操ったりすることができた。その後も HMD は進化を続け，VR を代表する装置の一つとなった。1990 年代には，VR といえば不思議なゴーグル状のディスプレイを装着した宇宙飛行士のような格好をした体験者の様子が多く連想されるようになった。HMD の光学系の進化は進み，より快適な立体映像提示への対応や，装置自体の小型化なども進んでいった。

　そして 2000 年ごろには，家庭用 HMD が数社から発売され，映画や TV ゲームなどをより臨場感の高い映像として体験したいといった需要を満たしていった。

5.1.2　プロジェクタを用いた没入型ディスプレイの登場

　これまでの躍進の勢いに乗って，HMD はさらなる普及が期待されていた。しかし，現在では HMD の話題はあまり聞こえてこない。一時期脚光を浴びた家庭用商品もその姿を消して久しい。その原因は多岐にわたるが，一つの大きな要因として，ゴーグル形状のディスプレイでは広大な視野を完全に覆いつくすことが困難であった点が指摘されている。高視野化に関しては改良が行われてきたが，装置の大きさや重量の問題もあり，現実世界と仮想世界を重畳して表示する複合現実感（mixed reality：MR）などの特殊な用途以外ではその特性が活かしきれなくなってきている。また，眼前に装着する装置の宿命として，装着者に閉そく感を与えてしまうといった点も大きな問題の一つである。

　その一方で，1990 年代から注目されてきたのがプロジェクタを用いた大型ディスプレイシステムである。プロジェクタを用いて 100 インチを超える大型スクリーンにコンピュータで生成した映像を投影することで，HMD のように

小型のモニタを眼前に装着するのではなく，体験者の周囲を直接映像で覆いつくすことによって映像世界への高い没入感を実現しようとしたシステムが多く開発されるようになってきた。1992年にIllinois大学 Electronic Visualization Laboratory（EVL）で開発されたCAVE（CAVE automatic virtual environment）[2]がその代表的なシステムであり，没入型ディスプレイと総称されている。

CAVEでは，10フィート（約3m）四方の大型スクリーンを正面，左右側面，床面の計4面に箱状に配置することで，体験者の視野を覆いつくす大型映像空間を実現している。映像はスクリーンの背面から投影され，スクリーンで囲まれた領域を体験者は自由に移動することができる。体験者の視点位置は磁気センサによってリアルタイムに計測され，任意の視点位置から映像を観察することが可能である。映像生成には，当時最高の映像生成能力を誇ったグラフィックスワークステーション（graphics work station：GWS）が用いられ，四つのスクリーンすべてに対して液晶シャッタメガネを用いた時分割方式によるステレオ映像出力に対応していた。それにあわせて，プロジェクタも立体映像出力に対応したハイエンド機種が採用されていた（図5.2）。

このように，CAVEは体験者を取り囲む四つのスクリーンと，それらに映像を背面投影するプロジェクタという構成から，部屋一つを占有する大きなシステムであった。プロジェクタからスクリーンまでの投影距離を短縮するために反射ミラーを用いた光路設計が行われていたが，状況が劇的に改善されることはなかった。

CAVEを構成していた各機材こそハイエンドな大型機種ばかりであったが，そのコンセプトはいたってシンプルであり，普及の兆しをみせていた高性能プロジェクタと高性能GWSの組合せによる新しい可能性を世に示した偉大なシステムであったといえる。CAVE特有の，映像に包まれた状態で自らの視点移動にきちんと追従して変化する映像世界はたいへん刺激的であり，多くの人の注目を集める結果となった。また，当時は非常に高価な機材の組合せであったにもかかわらず，世界中にCAVE型ディスプレイと呼ばれるCAVEクロー

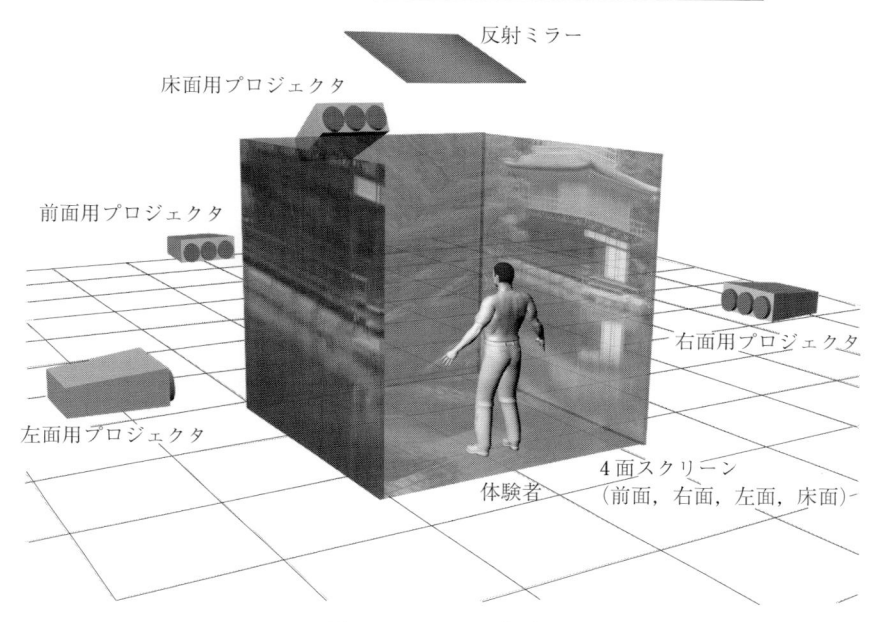

5.1 VRにおけるディスプレイ装置の変遷

図5.2 CAVEの概観

ンが普及していった。正規ライセンスに基づき製造・販売されるCAVEも存在したが，時が経つにつれ，独自に設計されたシステムも多くみられるようになっていった。日本国内でも東京工業大学をはじめ[3]，研究機関やアミューズメント施設，美術館などに導入されていった。

1990年代後半になると，CAVEの広視野特性をさらに発展させるため，4面構成であったCAVEに天井スクリーンを追加した東京大学IML (Intelligent Modeling Laboratory) のCABIN (computer augmented booth for image navigation) が開発された[4]。また，岐阜県科学技術振興センターでは，CABINをさらに発展させた6面ディスプレイであるCOSMOS (cosmic scale multimedia of six-faces) が開発された[5]。通常のCAVEの場合，床面用のプロジェクタを天井に設置し，反射ミラーを用いて床面に映像を投影しているのに対し，CABINやCOSMOSでは天井と床の両方をスクリーンとして利用するため，天井と床面のスクリーンに対しても背面投影方式を採用してい

る．この場合，特に床面スクリーンへの背面投影が困難となる．そこで，スクリーン本体を2階建ての専用やぐらの上に構築し，強化ガラスによって補強された床面スクリーンに対して1階部分に設置されたプロジェクタから背面投影を行うような方式が採用された．やぐらの2階天井に相当する天井スクリーンに対しては，より高い位置にプロジェクタを配置することで背面投影が行われていた（図5.3）．

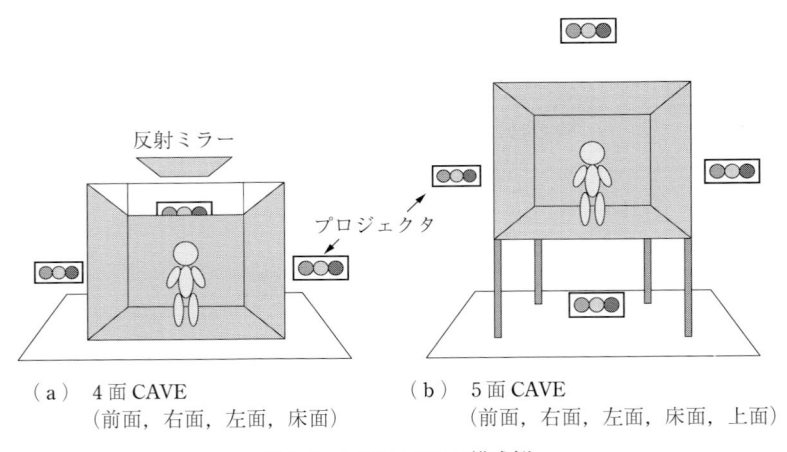

(a) 4面CAVE
（前面，右面，左面，床面）

(b) 5面CAVE
（前面，右面，左面，床面，上面）

図5.3　5面CAVEの構成例

このように，5面または6面スクリーンを用いたCAVE型ディスプレイはきわめて大がかりな装置となってしまい，その構築および維持に必要な費用も莫大なものとなってしまう傾向にあった．しかし，体験者を完全に囲んでしまうスクリーンによって作り出される映像環境の効果はすばらしく，体験者自らがそのスクリーンで囲まれた領域内を自由に移動できることもあいまって臨場感が大きく加速され，映像世界の中に深く没入することを可能にした．

5.1.3　GWSからPCへの移行

近年では，PC（personal computer）の劇的な性能向上をうけ，GWSの代わりにPCを用いた没入型ディスプレイが登場している．これは，システムの設置・維持管理におけるコストダウンに大きく貢献するため，より幅広い分野

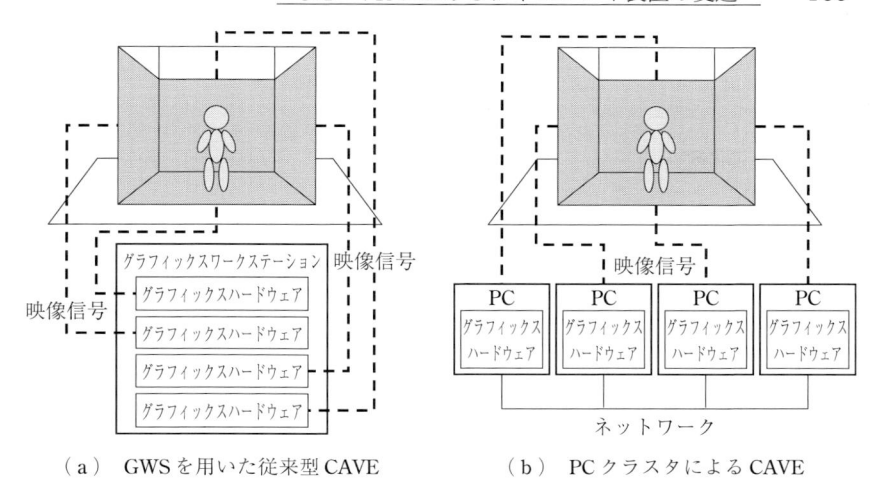

5.1 VRにおけるディスプレイ装置の変遷

（a） GWSを用いた従来型CAVE　　（b） PCクラスタによるCAVE

図5.4　PCを用いたCAVEの構成

において没入型ディスプレイが利用されるきっかけとなっている（図5.4）。

VRにおいては，PCのCPU演算性能のみならず，三次元映像を生成するために欠かせないビデオアクセラレータの進化が大きな鍵となっている。GWS全盛のころ，PCにはこの三次元映像用のビデオアクセラレータは搭載されておらず，CPUのみで三次元映像生成を行っていた。それに対して，CAVEなどで標準的に用いられていたハイエンドGWSでは，三次元映像生成のための専用ハードウェアを複数台内蔵し，高精細な三次元映像をリアルタイムに生成することができた。三次元映像生成用GWSの開発の中心的存在となったSGI社（Silicon Graphics, Inc.）[6]では，1980年代後半から1990年代にかけて，自社製GWS用グラフィックスサブシステム"RealityEngine"[7]やその発展型である"InfiniteReality"シリーズ[8]をたてつづけに発表し，不動の地位を築いていった。これらのGWSはリアルタイム三次元映像を生成する際のデファクトスタンダードとなり，大学の研究室から映画製作現場の最前線においてまで，広く利用されるようになっていった。

これらのGWSは，OpenGL[9]と呼ばれる，三次元グラフィックスを統一的に扱う手法を提供するライブラリを使用することを前提に設計されていた。

RealityEngineでは，CPUと共通のsystem busに接続された専用プロセッサによって，投入されたOpenGL命令による状態遷移の影響範囲を適切に制御する機能をもっていた．すなわち，シーン全体に影響を与える状態遷移命令はすべての演算ユニットにブロードキャストされ，また，局所的な状態遷移に対しては必要な演算ユニットにのみコマンドが伝達された．これにより，複数の描画用演算器を並列実装したハードウェアシステムにおいて，OpenGL命令を無駄なく効率的に取り扱うことを可能にした．さらに，OpenGLで与えられた幾何データから，実際のピクセルで表現される映像を生成するラスタライズエンジンを複数搭載することで，強力なイメージ処理や，テクスチャマッピングの機能をリアルタイムに提供することができた．

しかし，実際のRealityEngineでは，数多くのアプリケーション専用集積回路（application-specific integrated circuit：ASIC）および汎用浮動小数点演算プロセッサを組み合わせて用いることから，非常に大がかりかつ高価なハードウェアとなってしまうことが欠点であった．RealityEngineの機能を大幅に発展させたInfiniteRealityにおいても，その高い性能と引き換えに，大規模化と高コスト化の問題をいっそう押し進める形となっていった．プロジェクタ装置の特殊性ともあいまって「没入型ディスプレイは表現力も高いがコストも高い」という図式が成り立っていった．

1990年代後半になると，特にPCを使ったゲームソフトウェアにおいて，三次元映像技術を積極的に利用しようとする試みが多くなされるようになってきた．そのころになると，PCのCPUも高速化が進み，ある程度の三次元映像を生成できるようになっていた．しかし，ゲームではより高い現実感や臨場感が求められ，CPUによる映像生成だけでは，多くのユーザを引きつけておくことは困難であった．

そこで，三次元映像生成に必要な機能の一部を，これまで二次元映像生成を行ってきたビデオアクセラレータ上に搭載する製品が登場しはじめた．初期の製品では，三次元映像生成における陰面消去のためのZバッファだけがハードウェア化されて搭載されていたが，それでも従来のCPUのみによるゲーム

と比べて，より高速な映像生成が実現されていた．

その後，SGI社との結びつきが強かったnVIDIA社から，本格的に三次元映像機能をハードウェア化したチップを搭載したビデオアクセラレータが発表された．これは，SGIによるGWSがASICや汎用浮動小数点演算プロセッサによって構築していた機能を一つの半導体上に凝縮することで，小型化と低コスト化を一気に実現したものである．具体的には，三次元映像生成において主流となっていたサーフェスレンダリング型の手法において，与えられたポリゴン群の頂点データの幾何変換と照明演算を，専用プロセッサ内で高速に演算処理するものであった．CPUの高速化競争のために劇的な進化を遂げていた半導体プロセス技術を応用することで，これまで巨大な回路基板が必要となっていた三次元映像生成のためのビデオサブシステムをたった一つのチップの中に組み込んだことが革新的な試みであった．

このような，三次元映像生成機能をもったビデオアクセラレータは数万円程度で市販され，魅力的なゲームソフトを多数バンドルする形で世の中に出まわり，あっという間にPCの標準的なパーツとしての地位を確立していった．

もちろん，小さなビデオカード上に搭載されたチップですべての三次元映像生成を行おうとするため，当初は多くの制約が課せられていた．特に，CPUと情報をやりとりするためのバスや，ビデオカード上の描画バッファとの間の通信帯域に制約があったため，十分な描画速度が得られなかった．しかし，ビデオアクセラレータ専用のAGPバスや，最近ではPCI Expressバスが標準的にサポートされたり，CPUで用いるような高速なメモリインタフェースがビデオアクセラレータチップ上でも採用されたりすることで，これらの欠点を着実に克服していった．ビデオカードの動作クロックもCPUに匹敵する向上率で進化していった（図5.5）．

これらのビデオアクセラレータは，OpenGLやDirectXといったPCプラットフォーム上で動作する三次元描画ライブラリをサポートする形で進化を遂げ，現在では，このような三次元映像生成機能をもったビデオアクセラレータにおいて，その中心をなすプロセッサのことをGPU（graphics processing

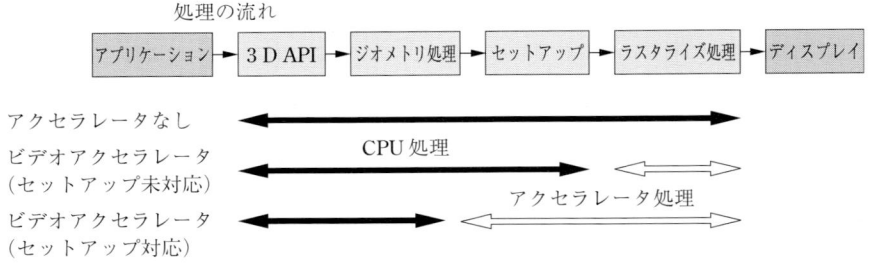

5. VRへの応用

処理の流れ

アプリケーション → 3D API → ジオメトリ処理 → セットアップ → ラスタライズ処理 → ディスプレイ

アクセラレータなし：CPU処理（全範囲）

ビデオアクセラレータ（セットアップ未対応）：CPU処理 → アクセラレータ処理

ビデオアクセラレータ（セットアップ対応）：CPU処理 → アクセラレータ処理

図 5.5 3D処理におけるビデオアクセラレータの役割

unit）と呼ぶようになっている．さらに最新のGPUでは，各ライブラリで決められた機能だけを高速に実行するだけではなく，ハードウェアの演算内容をプログラマが比較的自由に設定することが可能になりつつある．このように拡張されたGPUはプログラマブルGPUと呼ばれ，最近の主流となっている．また，自由度の高いプログラミングを可能にする高級言語なども登場している[10]（**図 5.6**）．

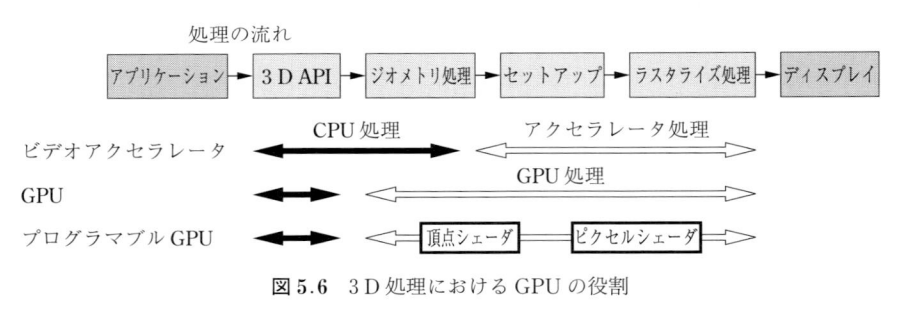

処理の流れ

アプリケーション → 3D API → ジオメトリ処理 → セットアップ → ラスタライズ処理 → ディスプレイ

ビデオアクセラレータ：CPU処理 → アクセラレータ処理

GPU：CPU処理 → GPU処理

プログラマブルGPU：CPU処理 → 頂点シェーダ → ピクセルシェーダ

図 5.6 3D処理におけるGPUの役割

　以上のようなプログラマブルGPUの登場により，最先端の三次元映像表示機能の実装対象はGWSからPCへと移行し，CG研究や映画製作などに用いられる機材もPCが圧倒的に多数を占めるようになりつつある．高度な三次元映像表示機能を数万円のチップで実現してしまうGPUは，10万円台で販売される一般的なPCに標準的に搭載され，ゲームなどで盛んに利用されている．有力GPUメーカは開発競争にしのぎを削り，数か月ごとに新たな製品を市場に投入しているため，その最高性能はつねに更新し続けられている．

VRの世界でもPCによる映像生成が一般的となり，GWSは徐々に姿を消しつつある．没入型ディスプレイに関しても，新規に構築されるものの多くはPCを描画エンジンとしたものが多く，システム全体の低コスト化に大きく貢献している．

5.1.4 高解像度化への挑戦

CAVEに代表される没入型ディスプレイでは，スクリーンで囲まれたオープンなスペースの周囲を映像で埋めつくすことによって，高い没入感を得ることが目標とされてきた．その一方で，大型映像を高解像度で体験できるシステムに関しても研究開発が行われてきた．

基本的なコンセプトは，複数のスクリーンを並列に並べることで高解像度を実現するというシンプルなものであった[11]．代表的な例としては，PowerWallやInfinityWall[12]があげられる．PowerWallは，1994年にMinnesota大学において開発されたシステムである．6×8フィートのスクリーンを使い，解像度 $1\,600\times1\,200$ pixelの背面投影映像を縦横に二つずつ組み合わせることで，$3\,200\times2\,400$ pixelの高解像度を実現している．

映像生成には，CAVEと同様に当時最先端のGWSが用いられた．このPowerWallは，大容量ストレージとの組合せによる大規模データの詳細な可視化を可能とし，NASAをはじめとする多くの研究機関や国際会議での展示において大きな注目を集めた（図5.7）．

また，CAVEを開発したIllinois大学EVLにおいても，PowerWallを拡張し，より多くの人たちが大型映像を体験できるシステムとしてInfinityWallが開発された．InfinityWallは，映画館のような大型の会場で用いることを前提として設計されおり，観客席の後部からスクリーンに向かって正面投影する構成も考えられていた．PowerWallと大きく異なる点としては，立体映像表示への対応と，6自由度入力デバイスの導入があげられ，体験者とのインタラクションを考慮している点から，没入型ディスプレイに一歩近づいた思想に基づくものであるといえる．立体映像には液晶シャッタメガネを用いた時分割方

5. VRへの応用

```
         スクリーン (2×2)
```

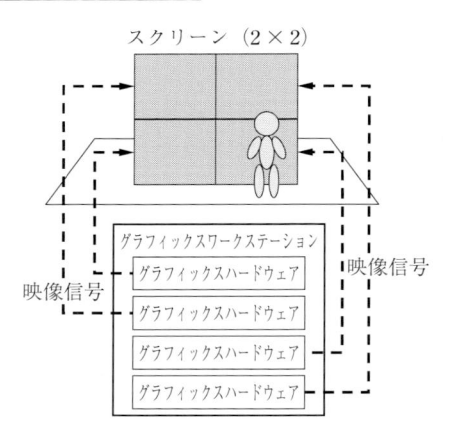

図5.7 PowerWallの構成

式を採用し，2 048×1 536 pixelの立体映像を出力することが可能であった。また，6自由度入力が可能なデバイスを利用して，映像空間中を移動したり視点を変更したりする機能をもっていた。これらの技術は基本的にCAVEと共通であるため，開発ライブラリなど共通のものを用いて構成されていた。

20世紀末になると，このような大型でかつ高精細なスクリーンを実現しようとする研究においても，GWSからPCへの置換えが進行していった。1990年代初頭，アメリカPurdue大学では，当時Beowulf[13]と呼ばれていた，Linuxをベースに並列プログラミング環境を整備したPCクラスタを描画エンジンとして用い，その映像を縦横4列・計16台のCRTディスプレイを使って大型映像を表示する可視化システムを構築した。これまでは純粋な並列計算のみに利用され，オフラインでの映像生成への応用がやっとであったPCクラスタを，インタラクティブな映像生成システムの一環として利用したことが注目された。

このシステムには，PAPERSと呼ばれる専用同期処理ハードウェアが搭載されていた[14]。複数台のディスプレイに一つの連続した映像を提示するためには，各PC間で映像生成と表示のタイミングを合わせるための同期処理が必要となる。当時のPC用ネットワーク環境はまだ十分な帯域を実現したものが普

5.1 VRにおけるディスプレイ装置の変遷

及しておらず，また並列計算においてネットワークの通信帯域はその最高性能を左右する重要な要素となっていたため，映像同期専用の回路を別途用意するという方針を選択していた。

ハードウェアは非常にシンプルなものであり，全PCのパラレルポートをこの専用回路に接続することで，各PCの描画処理の終了状況を確認することができるものであった。各PCでの描画処理が終了すると，PAPERSを通してレンダリング終了情報を発信する。すべてのPCにおいてレンダリングが終了したのを確認した後に，描画バッファのスワップを行うことで，16台並んだCRT上の映像が一斉に更新される。

PAPERSを装備したPCクラスタによって生成された映像は，16台のディスプレイをあたかもひと続きのスクリーンのようにみなし，可視化対象を自由に移動したり拡大縮小したりすることができた。その際，各PC間の処理速度の差による映像の不連続性は同期処理のおかげでほとんど感じられなかった。

近年では，PCクラスタ間の同期処理を高速なネットワークを用いて行う可視化システムが積極的に開発されている。これらのシステムは，複数台のPCと安価なプロジェクタを組み合わせることで高精細かつ大規模な映像提示環境を実現し，Tiled Displayと呼ばれている（図5.8）。

アメリカStanford大学を中心としたグループでは，OpenGLを分散処理系に対応させたWireGL[15]を開発し，これに基づいたクラスタシステム

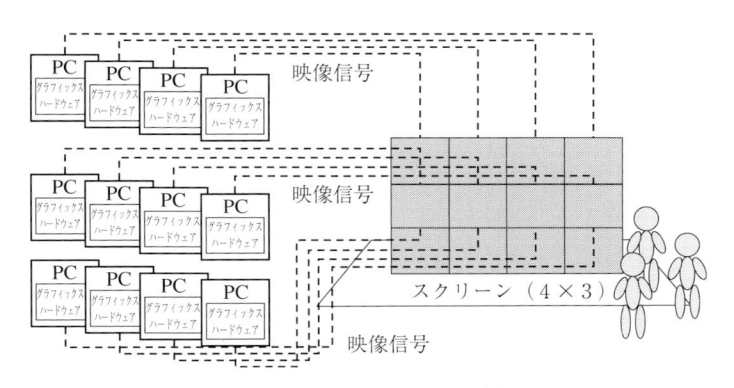

図5.8 Tiled Displayの構成例

"Mural"を提案している[16],[17]。Muralでは，sort-first型と呼ばれる並列レンダリング手法を採用している[18]。これは，レンダリング対象を事前に出力画面領域ごとに分割し，それぞれを各領域の映像生成担当PCにのみ処理をさせることで効率的な並列処理を実現するものである。この描画対象および描画命令の事前分割機能を実現するのがWireGLであり，既存のOpenGLと互換性のあるインタフェースを採用している。そのため，既存のOpenGLを用いて描画を行うソフトウェアがそのままMural上でも利用可能であった。

また，WireGLの描画性能はネットワークの通信帯域に依存したため，一般的に利用されているEthernet（100 Mbps）よりも広帯域・低遅延なGigabit級の専用ネットワークインタフェース[19]の利用が推奨された。

一方，アメリカPrinceton大学では，独自に開発したTiled Display型システムScalable DisplayWall[20]において，sort-first型とsort-last型を融合させた並列レンダリング手法を開発した[21]。sort-last型では，PCクラスタにおける並列分散処理は，その並列処理による効率を最大限に活かす方法で行い，各PCからの出力映像を合成して出力することで，最終的な高解像度映像を得る。

例えば，人間のモデルを可視化する際に，頭や腕，胴体といったデータ的に分割が容易で，かつまとめて処理を行ったほうが効率的であると考えられる単位に描画要素は分割され，PCクラスタの各ノードに描画命令が発行される。各PCが描画処理を終了すると，それぞれの出力映像が1か所に集められ，奥行き情報や描画パラメータなどの情報を用いて，ひとつながりの連続した映像を生成する。並列化に関する自由度が高いため効率的な並列処理が可能な反面，各PCからの出力映像およびそれに関連した情報を，ネットワークを通じて収集および合成する作業の負担が大きく，高速な映像更新の妨げになるケースが多い。そのため，可視化そのものに大きな負担のかかる科学技術計算結果の可視化システムなどを前提として開発されていた。

また，VRへの応用のため，前述のような高速なGigabit級ネットワークの導入や画像圧縮技術の導入により，汎用的なPCとネットワークにおいてもあ

る程度の映像更新レートを実現可能なシステムも検討されている[22]）。

以上のように，GWSからPCへと移行した最前線の三次元映像技術の開発は，CAVEに代表される没入型ディスプレイ技術と，Tiled Displayが目指した高精細・大画面映像技術を融合して，さらなる現実感を提供可能なVRシステムへと応用されはじめている。

5.2 没入型ディスプレイにおける立体映像生成

これまで多くの没入型ディスプレイが構築され，現在もその進化を続けている。従来は特殊な専用装置の塊であった没入型ディスプレイであるが，近年ではさまざまな技術の進歩により，汎用的に用いられている機材を使った構成が多くなっている。映像投影に用いるプロジェクタ装置や，映像生成に用いられるPCなどが典型的な例であり，われわれのオフィスや家庭にあるものと遜色のないものが用いられていることも多い。

本節では，これらの機材を活用して立体映像生成を行い，スクリーンに提示するまでの技術に関してまとめる。三次元映像生成ということ自体は現在のPCにおける標準的な機能であるのに対して，立体映像表示はまだまだ普及しているとはいえない。そのため，効果的な立体視を実現するハードウェアの組合せや，そのために求められるハードウェア機能およびソフトウェア機能に関しても，近年の実装例をふまえながら紹介していく。

5.2.1 プロジェクタ

没入型ディスプレイにおいて，映像を提示するために必要となるハードウェアをあげるとすると，まず思いつくのが映像を生成するためのPCと，それを投影するためのプロジェクタである。

没入型ディスプレイにおける立体映像提示は，体験者の右眼と左眼による視差を用いた両眼立体視であるため，体験者に右眼用映像と左眼映像を両眼に別々に提示する必要がある。HMDのように，眼前にモニタを配置するゴーグ

ル形状のディスプレイであれば非常に簡単なことである．しかし，大きなスクリーンを両眼で観察することが前提となっているプロジェクタでは，視差画像を左右の眼にそれぞれ個別に届けるための工夫が必要となる．そこで，プロジェクタを用いて両眼視差映像を用いた立体視を実現するために，液晶シャッタメガネを利用したアクティブステレオ方式と，偏光メガネを用いたパッシブステレオ方式の二つが現在多く用いられている．

アクティブステレオ方式では，右眼用映像と左眼用映像をフレームごとに交互に生成して高い更新周波数で提示する方式である．右眼用映像を提示する際には，被験者が装着した液晶シャッタメガネの左眼側のシャッタを閉じることで，右眼のみがその映像を観察できるようになる．逆に，左眼用映像を提示する際には，右眼の液晶シャッタを閉じることになる．映像のフレームが右眼用・左眼用と切り換わるタイミングにあわせて液晶シャッタメガネに同期信号を送ることで，左右の眼に適切な視差画像を提示することが可能になる．

この方式では，映像を高速かつ正確に切り換えることが重要となる．通常，ちらつきを感じずに安定して映像を体験するためには 60 Hz の更新周期が必要とされている．1 台のプロジェクタを使って左右両方の映像を提示するアクティブステレオ方式では，この条件を満たすために最低でも 120 Hz の映像更新レートが求められる．また，速い更新周期による残像効果を低減するために，人間の視覚に対して輝度の影響力が大きい緑色の光源に対して短残光タイプのものを用いる工夫なども必要となる．複数の体験者が同時に立体映像を体験するためには，さらに高速な映像更新レートと，シャッタリング時間の増加による映像の輝度低下を考慮した左右用フレームの提示順序が要求される．

一般的な液晶方式のプロジェクタ装置は 60 Hz 程度の更新レートを前提としているため，アクティブステレオ方式に利用されるプロジェクタは専用のものになってしまうことが多い．また，用途が特殊であるためコストも増大する傾向にある．ビデオカードに関しても，アクティブステレオに対応し，左右映像の切換えに同期した信号出力が可能なものは限られたハイエンドモデルのみである．しかし，左右用の映像の分離性は高く，クロストークの少ない立体映

5.2 没入型ディスプレイにおける立体映像生成

像表示が実現可能であることから，没入型ディスプレイの元祖といわれるCAVEにおいても，この方式が採用されていた．十分なコストを投入可能で，安定した高性能を求める場合には，依然として需要の高い方法である．

一方，パッシブステレオ方式では，左右の映像それぞれに対して1台のプロジェクタを割り当てて使用する．すなわち，一つの投影領域に対して2台のプロジェクタを使用することになる．各プロジェクタはそれぞれ右眼用・左眼用の映像を投影する．プロジェクタのレンズには偏光フィルタが装着され，また体験者も同様の偏光フィルタを装着することで，右眼用映像と左眼用映像の切り分けを行う．映像生成を行うPCとプロジェクタ間の同期は不要となるが，右眼映像と左眼映像を生成するPC間での同期処理が新たに必要となる．また，プロジェクタ装置がアクティブ方式と比べて2倍必要になるが，汎用プロジェクタが利用可能な場合が多いため，全体的にコストを抑えることができる．ただし，偏光フィルタを用いた場合には若干のクロストークと明るさの低減を考慮する必要がある（**図5.9**）．

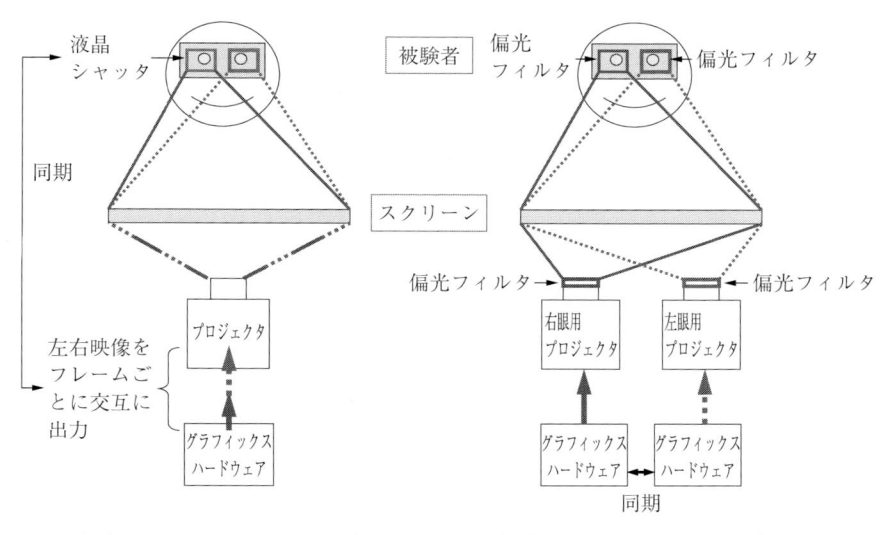

（a）アクティブステレオ方式 　　　（b）パッシブステレオ方式

図5.9 アクティブステレオ方式とパッシブステレオ方式

偏光フィルタとしては，直線偏光フィルタが従来から多く用いられてきたが，体験者がある程度自由に動きまわることの可能な没入型ディスプレイでは，プロジェクタ側と体験者側で偏光フィルタの偏光角を安定して一致させることが難しい。そこで，最近では体験者の移動も考慮した円偏光フィルタも多く使われている。ただし，直線偏光フィルタに比べて明るさの低減率が大きいことが問題としてあげられる。

プロジェクタ装置自体にも現在さまざまな種類のものが利用可能となっている。没入型ディスプレイが登場した1990年代初期のころには，RGBそれぞれに対して発光するCRTを内蔵した3管式プロジェクタが主流であった。それぞれの色ごとにひずみ・輝度を詳細に調整可能であることから，現在でも一部の用途では採用され続けている。しかし，CRT管を使うことから明るさに限界があり，高輝度を実現可能なディジタル式の映像投影ユニットを用いた最近のプロジェクタにとってかわられつつある。

ディジタル式プロジェクタでは，光を内部でRGBに分割した後にディジタル化された映像を投影され，最終的にまとめて一つのレンズから出力する形式となる。最近の主流となっているディジタル型の映像投影ユニットとしては，LCD（liquid crystal display）とDLP（digital light processing）[23]が広く普及している。

LCDプロジェクタでは，まず光源から得られた光を，ダイクロイックミラーと呼ばれる特定の波長の光のみを通過させる鏡を使ってR・G・Bの三原色に分解する。分解された光はそれぞれ専用の液晶パネルに入射し，液晶パネルの透過率に応じて投影される映像の構成要素となる。液晶パネルから出力された光を再びプリズムを用いて合成することで，最終的な出力映像が得られる。この方式では，光を効率的に利用することができるため，非常に明るい投影映像を得ることができる。

一方，DLP式プロジェクタでは，Texas Instrument社によって開発されたDMD（digital micromirror device）と呼ばれる素子を用いている。DMDでは，各pixel当りに一つの超小型ミラー素子が配置されており，このミラー素

子の角度を変化させることで入射光の反射を調節し，任意の映像を作り出すことができる．このDMDを用いたプロジェクタでは，まず光源からの光はカラーホイールと呼ばれる回転式カラーフィルタを通して着色され，DMDに入射する．RGBそれぞれが順にDMD素子を通過して映像化され，そのまま最終映像として出力される．ディジタルシネマなどに用いられる大型機では，RGB各色に対してそれぞれDMDが用意されているものもあり，その場合にはカラーフィルタは用いられない（**図5.10**）．

（a） LCDプロジェクタ　　　　　（b） DLPプロジェクタ
　　　　　　　　　　　　　　　　　　　（単板式）

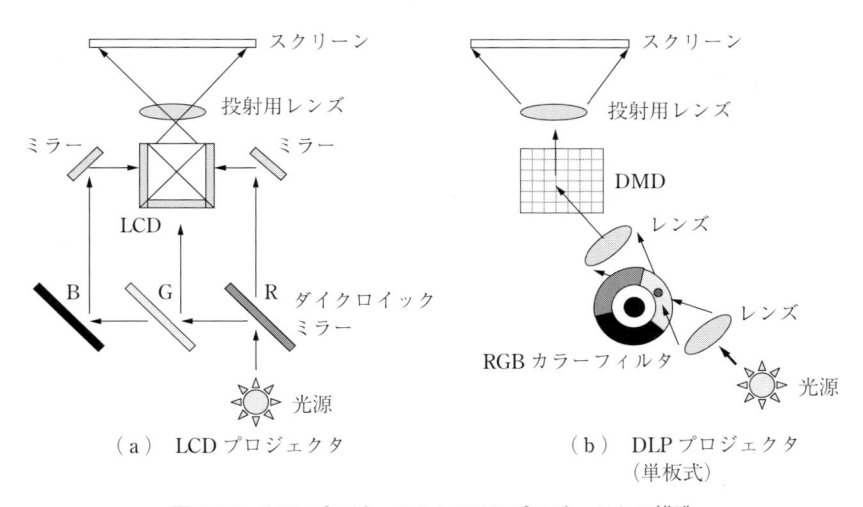

図5.10 LCDプロジェクタとDLPプロジェクタの構造

アナログ式プロジェクタでは，VRに必要な明るい映像を得ようとした場合に非常に大型化してしまうという問題点があった．しかし，ディジタル式プロジェクタは，小型でありながら非常に明るい映像が得られるため，VR技術の中心として大きな注目を集めており，非常に幅広く利用されている．

しかし，いくつかの課題も残されている．例えば，没入型ディスプレイのように複数台のプロジェクタを並列して使用するような場合，個々の色・輝度特性をそろえる必要がある．LCDやDMDを利用したプロジェクタの場合，素子における光の漏れがあるため，完全な黒を再現することは困難である．このブラックレベルの違いは，黒を多用するシーンにおいてスクリーン上での映像

の連続性に大きな影響を与えてしまう．特殊なプロジェクタでは，これらを補正するための専用回路をもち，相互に専用線で接続することで補正を行うものも存在する．しかし，より汎用的なプロジェクタを利用する場合には，このような特性の違いを考慮し，可能な範囲でソフトウェア側からの補正処理なども必要となってくる．

　また，ディジタル式のように，各フレーム間が空間的・時間的に分割される方式では，クロストークの少ない立体映像表示に適しているといわれている．しかし，それでもまだいくつかの制約が残されている．例えば，DMD を一つだけ用いた単板式 DLP プロジェクタではカラーホイールによる時間変調方式のため，液晶シャッタメガネを用いた立体映像表示が安易に行えないという問題がある．その場合には，LCD 方式と同様に DMD 素子を RGB 各要素に一つずつ配置することで解決できるが，装置の大規模化・高コスト化につながってしまうのが現状である．LCD 方式においても，プロジェクタ内部で RGB の偏光角にずれが生じる場合があり，偏光メガネによる立体視に適合しない機種も存在する．また，一般的な LCD 素子は時間応答性に限界があるため，120 Hz 程度が要求される液晶シャッタメガネを用いたアクティブステレオに対応するのは困難であるといえる．

　以上のように，近年大きな進化を遂げたプロジェクタではあるが，立体映像表示という特殊な用途では，すべてがうまく対応できるとは限らないのが現状である．システム構築においては，ステレオ映像表示の方式と，それに用いるプロジェクタの特性を十分に理解してそれらを用いることが求められている．

5.2.2　スクリーン

　プロジェクタによって投影された映像を受け止めるスクリーンも，没入型ディスプレイにおいて重要な要素の一つである．初期の CAVE 型スクリーンでは，ワイヤを縦に張った支柱にソフトスクリーンを巻き付けるように張ることで，つなぎ目の目立たない箱型スクリーンを形成していた．スクリーン全体を支えるために，ワイヤは一定のテンションで張られることになるのだが，ワイ

5.2 没入型ディスプレイにおける立体映像生成

ヤが細すぎるとスクリーン自体を切り裂いてしまうおそれがあった。しかし，太すぎるワイヤは投影された映像を邪魔する存在となってしまうため，絶妙なバランスが要求された。また，スクリーンの経年劣化や，ワイヤによる張力の加減により，スクリーン全体に若干のたわみが生じてしまうことが報告された。その後，ワイヤの代わりに，スクリーンを巧みに挟み込んで固定するフレームを利用したシステムも構築され，安定した箱型スクリーンの実現と，映像投影への影響の低減を両立していった。

そしてさらに，より明るく安定した投影面形状を維持できる環境を実現するために，ソフトスクリーンに代わってハードスクリーンが用いられるようになった。大型のスクリーンにおいては，プロジェクタによる投影中心から離れるに従って輝度が減衰していく現象が目立つようになる。これは，スクリーン周辺部分では，投影光のスクリーンへの入射角が大きくなるためである。そこで，フレネルスクリーンと呼ばれる，スクリーンの投影面側にフレネルレンズが組み込まれたものを用いることで，スクリーン上での明るさを均一に保持する工夫がなされたスクリーンが利用されるようになった。

フレネルレンズとは，レンズ面を連続面ではなく階段状にしたレンズである。同心円状のプリズムと考えることもでき，通常の凹レンズや凸レンズに比べて，レンズ自体の厚みを薄くできるという利点を利用して，スクリーン面上に加工することが可能である。このフレネルレンズは，光を集めるコンデンサレンズとして機能する。そのため，プロジェクタ中心から拡散する方向に投射される投影光の向きを，スクリーンに対して垂直方向に変更することができる。これにより，大型スクリーンのどの部分においても，比較的均一な明るさを実現することが可能になる。

また，このようなハードスクリーンでは，ソフトスクリーンのように室内の空気の流れに影響されて揺れるようなことがないため，その安定した面上における，より正確なひずみ補正や色調整が可能になった。

さらに，横方向の視野角を広げるために，レンティキュラーレンズを組み込んだフレネルレンティキュラースクリーンを導入するシステムもあった。これ

は，スクリーンの体験者側に縦方向の細いかまぼこ状レンズを高密度に配置するもので，スクリーンに入射した投影光を横方向に拡散する機能をもっている．レンティキュラーレンズを用いることで，没入型ディスプレイのように，多様な角度からスクリーンを観察するような状況では有効観察視野を広げる効果が得られた．

しかし，最近多く見られる偏光メガネを用いたパッシブステレオ方式を用いる場合，与えられた偏光角を維持することが求められる．そのため，スクリーンにおいて光が拡散してしまうと，与えられた偏光角を維持することが困難になり，ステレオ表示が実現できなくなる場合がある．また，レンズ面での光の屈折によっても位相差が生じる場合があり，フレネルレンズやレンティキュラーレンズの選択は慎重に行う必要がある．すなわち，指向性を維持したまま映像提示可能なスクリーンが求められる．

一方，大型スクリーンで囲まれた領域内を体験者が自由に歩き回り，さまざまな角度から映像を観察する没入型ディスプレイの特性を考慮すると，ホットスポットなどのスクリーン面内での輝度の偏りや，観察角度による輝度変化などが大きな問題となる．すなわち，没入型ディスプレイでは投影光の指向性をできるだけ抑えることが，より没入感の高い映像を提示可能であるといえる．これはパッシブステレオ表示を実現するための条件と相反するため，実際のシステムで両者を組み合わせて用いる場合には，双方の特性をバランスよく組み合わせることが必要となる．

複数台のプロジェクタを組み合わせて実現する Tiled Display のようなマルチプロジェクション環境では，さらに複雑な事情を考慮する必要がある．マルチプロジェクションでは，大型のスクリーンに対して複数台のプロジェクタによって映像を投影する．そのため，投影位置を中心とした同心円状の構造をとるフレネルスクリーンを利用することは不可能である．そのため，レンズ機能をもったスクリーンを利用できるシステムに比べて，明るさを確保するのは困難な状況となる．しかし，考え方を変えると，安価なプロジェクタを多数組み合わせることで明るい映像提示の実現を目指すのがマルプロジェクション方式

の特徴であるといえる。そのため，レンズを組み込んだスクリーンに頼らない，明るい映像投影環境を目指すことが重要である。

さらに，マルチプロジェクション方式においては，各プロジェクタからの投影光は正確に隣接しあうのではなく，ある程度重なるように配置し，その重なり部分の輝度を調節することで滑らかな接続を実現している（エッジブレンディング処理）。そのため，非拡散型の指向性の強いスクリーンを用いると，観察角度によってブレンディング部分の輝度バランスが変化し，重複部分が明るくなったり暗くなったりする現象が発生する。すなわち，パッシブステレオ表示に適した指向性と，マルチスクリーンに適した無指向性という矛盾した二つの特性をバランスさせることが，ここでも要求されることになる。一般的な解決策としては，スクリーンゲインが1.0に近いローゲイン特性をもつ非レンズ形状スクリーンを用いることで対応している。

パッシブステレオ方式およびマルチプロジェクション方式は，近年の高性能化した汎用機材を組み合わせて効果的に用いる手法であるため，手軽に選択される傾向にある。しかしその反面，両者の組合せにはより慎重な検討が求められるといえる。

以上をまとめると，没入型ディスプレイにおいて品質の高い立体映像表示を行う場合には，多くの検討問題が残されているといえる。専用機器のみで構成されていた一昔前のシステムとは異なり，より汎用な機器を多く用いる最近のトレンドでは，さらにこのような傾向が顕著であるといえる。精度にこだわらないのであれば些細な問題なのかもしれないが，現在ではより高い品質の映像空間の実現が求められているため，立体映像にかかわるシステム構成は，没入型ディスプレイの設計時における重要な局面であるといえる。技術論文などではあまり表面化しない部分であるため，実際のシステムを目の前にする機会に恵まれた際には，ぜひとも注目したいポイントの一つであるといえる。

5.2.3 没入型ディスプレイにおける視点位置計測

一般的な立体ディスプレイと異なり，観察者の視点位置が大きく変化するこ

とが没入型ディスプレイの特徴といえる。立体ディスプレイでは，スクリーンの前で椅子などに座って観察することを前提としているため，左右方向へのわずかな視点移動に対応するだけでよい。このわずかな視点移動によって生じる運動視差を再現することで，立体映像提示を実現しているのである。

一方の没入型ディスプレイでは，体験者は数メートルの範囲で自由に移動することを許されている。さらに，立体表示されている映像に対して，下から覗き込んだり上から見下ろしたりと，きわめて多彩な方向から観察することができる。もちろん，右眼と左眼に対して別々の映像を届ける仕組みがきちんと備わっているため，どのような角度からスクリーンを観察したとしても，適切な視差をもった映像が体験者に提示されることになる。

この視差画像を生成するためには，体験者の視点位置をつねに正確に計測することが求められる。そのため，没入型ディスプレイでは視点位置をリアルタイムに計測可能なデバイスと組み合わせて用いられることが一般的である。

没入型ディスプレイ環境を含めた VR システムでは，仮想世界への第一のインタラクションとして視点移動があげられる。対象物体を直接触ったりするような高度なインタラクションももちろん重要であるが，まずは自分の視点移動に追従して映像世界が変化することが，没入への第一歩であるといえる。Ivan E. Sutherland による「究極のディスプレイ」においても，頭部位置を計測するためのリンク機構が備えられており，実世界での視点移動を仮想世界でも再現することで，没入感を実現していた。

しかし，頭部に大がかりな機構を取り付ける方法は，正確に頭部位置を検出できる反面，体験者が自由に動きまわることを制約する結果となり，没入型ディスプレイとの相性は良好とはいえない。そこで，初期の CAVE システムでは，磁気式の三次元位置センサが用いられた[24),25)]。磁気式センサは，磁界を発生させる発振コイルを内蔵したトランスミッタを計測領域内に配置し，計測対象となる体の部位に小型の受信コイルを組み込んだセンサを取り付ける。この状態で CAVE の中を動きまわると，トランスミッタの発振コイルから発生した磁界によってセンサ内の受信コイルに起電力が発生する。発振コイルを

XYZ 軸に関する順に励磁することで得られる起電力の関係から，センサの位置情報（3自由度）および角度情報（3自由度）を合わせた計6自由度の情報を推定することができる．発振コイルに大型のもの（50～100 cm 四方）を用いることで，CAVE 内で必要とされる 3 m 四方程度を計測範囲とすることができる．用いられる磁界に関しては，交流磁界を用いるものと直流磁界を用いるものの 2 種類が存在し，特に後者は，直流磁界のステップ状の立上りによって磁束変化を起こす仕組みになっていた．

磁気式三次元位置センサは，受信コイル部分が比較的小型化できたため，少数の使用であればそれほど装着者の動きを拘束せずに位置検出を行うことができ，没入型ディスプレイの定番デバイスとなった．しかし磁気を用いることから，周辺に存在する磁性体からの影響に多くのシステムは悩まされることとなった．初期の CAVE ではフレーム素材に金属が用いられるなどしており，さらには CAVE が導入されている建物の構造材からの影響も無視できない要因であった．理想的な環境では数 mm 程度の誤差精度を誇っていても，CAVE 内での使用においては，ひずみ補正処理を行ったとしてもその計測精度は十分とはいい難い場合が多々見受けられた．

最近では，超音波を利用した三次元位置センサや，その誤差を補うためにジャイロを組み合わせたセンサが登場している[26]．超音波センサは，一つの超音波発振器に対して三つの受信器を配置し，おのおのに超音波が到達するまでの時間遅れを計測することで，三角測量の原理によって受信器と発振器の位置関係を求めることができる．受信器を複数台用意することで，角度の計測も可能になる．しかし，超音波を用いた場合には空気中の音速変化がそのまま誤差になって現れてしまう．そこで，超音波センサにジャイロを組み合わせ，センサフュージョンによって相互に補間しあうことで，音速変化に影響されない高精度な位置・角度計測精度を実現するものも登場している．

そのほかに，赤外線カメラと反射マーカによる位置計測もよく用いられている．これは，映像を阻害しない赤外光を用いて，マーカによって反射された赤外光をカメラで撮影し，画像処理によってその三次元位置を算出するものであ

る。本方式では，一つのマーカが同時に複数のカメラから撮影される必要がある。しかし，没入型スクリーン環境では周囲を映像で取り囲まれるため，マーカがつねに隠れることなく撮影することは困難である。そのため，頭部のみや手先のみといった具合に計測部位を限定したり，多数のカメラを冗長的に配置したりすることで，この問題を解決している。

　カメラから得られる画像の解像度やその画像処理速度に限界があるため，計測精度や計測点数には若干の制限があるものの，仮想空間との対話には必要十分であるケースが多い。また，マーカを体に取り付けるだけという装着方式も簡易なものであり，利用者への負担も少ない点が評価されている。

　以上のようなリアルタイムでの視点位置計測技術は，没入型ディスプレイにおける立体映像提示を支える重要な構成要素である。スクリーンやプロジェクタといったすぐに目につく箇所に注目が集まる一方，視点位置計測の精度が不十分であれば，当然スクリーン上で連続した映像提示や，正しい両眼視差の提示は不可能となる。このような三次元計測技術も，より安定かつ高品位な三次元立体映像提示を実現するための重要な鍵であることを忘れてはならない。

5.2.4　ハードウェアによる立体映像生成サポート

　立体映像生成の基本は，観察者の頭部位置に基づき，右眼と左眼のそれぞれの位置から観察した映像を生成することであり，これを順序どおりに観察者に提示することが求められる。このような要求に応えることのできる機構は従来の計算機には備わっていなかったため，立体映像生成を効率的に実現可能な計算機の登場が切望されてきた。

　CAVE が登場した 1990 年代初頭では，立体映像生成においては SGI に代表される GWS が主流であった。GWS のグラフィックスシステムは早い時期から立体映像生成用のモードを備えていた。例えば，生成した映像を書き込むメモリであるフレームバッファを上下二分割して一つのフレーム内に右眼用映像と左眼用映像を作成し，ラスタライズ時に二つの連続したフレームとして出力する機能をもたせることで立体映像出力を実現していた。

5.2 没入型ディスプレイにおける立体映像生成

さらに，フレームバッファに大容量のメモリが投入されるようになると，右眼用と左眼用の各映像用にそれぞれフレームバッファを割り当てることで，映像の質を落とすことなく立体映像を生成することが可能になっていった。

初期の CG においては，一つだけのフレームバッファに映像が生成され，その特性から映像の生成が完了していない状態でも CRT やプロジェクタへの映像出力が同時に行われてしまい，安定した映像表示が困難であった。これを回避するためには，出力サイクル内に映像を生成し終わるように，ラスタ信号を監視しながら描画処理を進める必要があった。

このような状況を改善するために，三次元 CG では，フレームバッファを二つ用いる double buffer と呼ばれる構成が用いられていた。double buffer を用いた場合，映像を書き込むバッファと出力するバッファを分け，その役割を交互に切り換えていくこと（バッファスワップ）で，映像の生成と出力をそれぞれ独立したサイクルで相互に干渉することなく行うことが可能になった。これにより，余計な処理を追加することなく，コンピュータによって生成が完了したフレームのみをディスプレイ装置に出力することが可能になった。

そして立体映像に関しては，この double buffer を二重化し，右眼と左眼用の映像それぞれに対して double buffer と同様に書込み用と読出し用のバッファを提供する quad buffer という方法が用いられた。バッファスワップのタイミングは専用信号として出力され，液晶シャッタメガネなどにこれを入力することで，観察者は安定した立体映像を観察することができるようになった。

さらに没入型ディスプレイでは，複数のスクリーンへの映像提示を行うために複数台の GWS による立体映像生成が求められた。前述の quad buffer におけるバッファのスワップタイミングと，さらには映像出力装置への出力タイミングをすべての GWS で共有することが求められた。そこで，GWS ではこれらの信号を外部に出力し，ハードウェア的に同期処理を行う機能を備えるようになった。バッファのスワップタイミングを同期させる機能やそのための信号は SwapLock と呼ばれ，GenLock と呼ばれている映像出力タイミングの同期信号とともに現在のハイエンドシステムにおいても用いられている。

これらの同期信号類は，特にアクティブステレオ方式では重要であるといえる。この方式では，左右の映像が液晶シャッタメガネと正確に同期して生成・出力されることが必須条件であるため，上記の同期システムが適切に機能しなければ，立体映像提示を実現することは不可能である。

一方，近年普及しているパッシブステレオ方式では，右眼と左眼用の映像提示系が独立しているため，GenLock を行わなくても PC 間を同期させることでそれほど違和感なく立体映像を体験することができる。近年の映像生成システムが GWS から PC へ移行し，GenLock や SwapLock が特殊な機能となりつつある現在では，パッシブステレオの普及は必然ともいえる。しかし，パッシブステレオで用いられる偏光フィルタではどうしても左右映像のクロストークが残ってしまう。そのため，時間的なシャッタリングを行う液晶シャッタメガネを用いたアクティブステレオ方式は，立体像をクリアに提示できる高い映像品質において高く評価されている。

5.2.5 ソフトウェアによる立体映像生成サポート

立体映像生成のためには，ソフトウェアによる対応も欠かせない。GenLock や SwapLock によって映像生成ハードウェアの同期が実現されたとしても，各 GWS 上で動作するアプリケーションの処理内容に関する同期が実現されていなければ，スクリーン上で滑らかに連続する映像を生成することはできない。

GWS が盛んに用いられていた時代には，1 台の GWS に複数のグラフィックスシステムを搭載して，複数台のプロジェクタ用の映像を生成する構成が主流であった。その際には，各グラフィックスシステムを抽象化することで複数のサブシステムを容易に取り扱うことが可能な開発環境が提供されていた。しかし，GWS から PC へとその主力が変遷していくと PC クラスタを用いた描画システムが用いられ，ネットワークによって隔てられた各ノード間を透過的に結合して映像生成を実現するためのソフトウェア環境が強く求められるようになった。そこで CAVELib[27] や VR Juggler[28] は，一般的に用いられる三次

元 CG 用の描画命令と融合させた並列処理用命令を提供することで，PC クラスタにおける複雑なネットワーク制御を直接的に行うことなく，効率的に描画プログラムを作成することを可能にした。その他，描画用データ構造である SceneGraph をネットワーク上で共有可能にしたり，より手軽に三次元空間を記述可能な Java 3D などにおいても CAVE に代表されるようなシステムにおける描画をサポートしたりする工夫が行われていった。

しかし，近年の一般的な PC 環境では，非常に多彩なアプリケーションが提供されており，三次元 CG を利用したインタラクティブなコンテンツも非常に高い水準に達しているといえる。同じ PC を使用しながら，現状の没入型ディスプレイに関するソフトウェア環境を改めて見直してみると，市場に流通している魅力的な PC 用ソフトウェアと比べて見劣りする部分が少なくない。前述の，PC クラスタ特有の開発コストを低減するための開発環境の提供は非常に重要なことであると考えられるが，既存のソフトウェア資産を上手く活用するすべも強く求められている。ハードウェア面での進化を十分に活用できるだけのソフトウェアおよびその開発・実行環境の充実が今後の急務であるともいえる。

5.3 最新の VR システム：D-vision

本節では，これまでの没入型ディスプレイの進化の過程を踏まえ，最新の PC およびプロジェクタ技術を組み合わせて開発されたマルチプロジェクションディスプレイ D-vision[29] について紹介する。マルチプロジェクションとは，複数台のプロジェクタ装置を組み合わせることで高輝度な広視野角映像の提示を実現するものであり，汎用プロジェクタの使用を想定して，VR 特有の視野を覆いつくすほどの大型映像提示を実現するために考えられた方式である。また，プロジェクタの並列化に対応するように，各プロジェクタには映像生成を行う PC が 1 台ずつ接続されている。PC に最新のビデオカードを装着することで，つねに最先端の CG 技術を容易に導入することが可能となる。もちろ

ん，汎用 PC であることを前提としているため，汎用プロジェクタの利用とあわせて，導入およびメンテナンスコストを大幅に削減している．さらには，複数台の PC を用いることによる映像生成の並列化という利点も得られることになる．これは，大型映像を複数の領域に分割して各 PC が生成することになるため，PC 1 台当りの映像生成コストの抑制につながり，高速かつ高解像度な映像生成を可能にする．

　スクリーンに関しても，スクリーン素材として一般に流通している既成形状のものや，曲面を利用したことで注目されているアーチ形スクリーンなどにとらわれず，装置全体の用途と設置環境を考慮して，最適な形で体験者の視野を覆いつくすことのできる形状の検討を行っている．その結果，D-vision では平面と曲面を融合させた Hybrid 形状を採用している．スクリーン素材に関しても，今後の各種デバイスの取付けを考慮し，十分な強度を実現しているものを選択している．

　以降では，これらの各要素について詳しく紹介していく．

5.3.1　ひずみの少ない映像提示

　D-vision が採用しているスクリーンの形状は，初めて目にした人にとって印象的なものである．D-vision 全体の構成を示す図 5.11 から，システムの中核に位置するこのスクリーンの形状を確認することができる．中央に立つ体験者の正面には平面スクリーンが配置され，その周囲が滑らかに延長されるように，曲面形状をなしたスクリーンが体験者の上下 180° に及ぶ視野領域を覆いつくすように展開されている．このスクリーン形状は人間の視角特性を考慮して，中心視野を内包する視野角約 100° に映像提示を行う正面部分には，ひずみの少ない映像を安定して提示可能な平面スクリーンを配置し，また，物体の動きなどの知覚に利用される周辺視野領域を多く含む部分には，ひずみを低減させた映像を広視野に効率よく提示するための曲面スクリーンを配置した Hybrid な構成となっている（図 5.12）．

　Hybrid スクリーンは球や円柱といった基本的な形状要素の組合せで構成さ

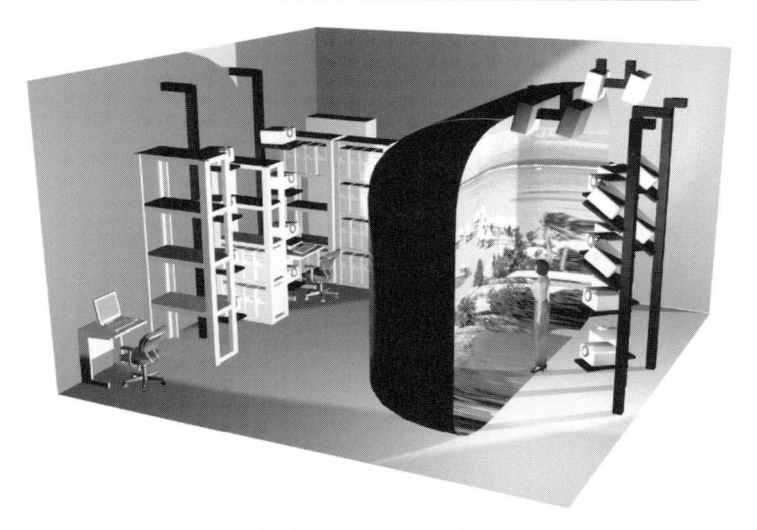

5.3 最新のVRシステム：D-vision   133

図 5.11 D-vision の構成

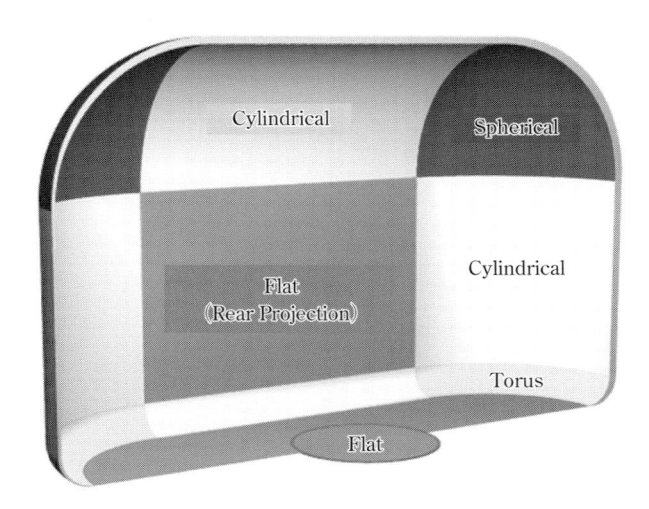

図 5.12 曲面と平面を組み合わせた Hybrid スクリーン[29]

れている。平面部分と曲面部分は1階微分において連続なC1連続とし，スクリーン全体において滑らかな映像のつながりを実現している．CAVE型スクリーンでは，視点位置の計測誤差や複数人による観察によって生じるスクリーン接合部分における映像の非連続性や，体験者がスクリーンに対して極端に斜

めから映像を観察することによって生じる奥行き知覚誤差などが問題点として指摘されてきた[30]。しかし Hybrid スクリーンは，不連続性の少ない滑らかな映像提示が可能であり，複数人での映像体験時においても大きな映像ひずみが発生しない特性がある（図 5.13）。

図 5.13 複数人のユーザが等身大環境を体験する様子

実際に CAVE と D-vision の両方を用いて，まち中をウォークスルーするコンテンツを複数人で体験してみたところ，CAVE を用いて映像提示を行った場合に，ヘッドトラッキングが行えない 2 人目の体験者からスクリーンのつなぎ目部分での違和感が多く報告された。

図 5.14（a），（b）に，CAVE と D-vision において，ヘッドトラッキングを行っていない観察者の視点から実際に観察されたひずみを含んだ映像を示す。

図中で示されている領域は，CAVE ではちょうどスクリーンが接合している部分，そして D-vision では平面と円筒が接合している部分であり，それぞれ視点変化による映像ひずみが大きく現れる箇所である。映像はビルが建ち並ぶまちの様子を再現しているが，CAVE ではビルなどの建物を構成する直線成分が大きくはっきりと折れ曲がり，本来の形状とは幾何的に異なった形状と

（a）2人目の被験者から見た　　　　（b）2人目の被験者から見た
　　　CAVEでのひずみ　　　　　　　　　　D-visionでのひずみ

図 5.14　ヘッドトラッキングを行わない場合のひずみの比較[29]

して提示されていることがわかる．これに対してD-visionでは，図に示すように緩やかなひずみとなって現れ，体験者に対する違和感が少なかったことが推測される．

　図5.14（a），（b）を実際にD-visionおよびCAVE上に提示した際の体験者の内観としては，CAVEに提示された映像では，例えば仮想都市内の建物や道路を構成する直線部分がスクリーン接合部分で折れ曲がる現象を明確に知覚しており，映像空間への没入感が損なわれるという報告が多かった．また，映像空間中に直線によって構成されるガイドを表示し，それに従って仮想空間内を移動するタスクを行ったところ，CAVEを用いた場合において，ひずみによる直線の屈折を曲がり角と誤認する被験者が何人か確認された．

　CAVEの場合，スクリーンを直角に接続させる構成が非常にシンプルである反面，体験者の視点位置を正確に把握して映像生成が行われない場合には，スクリーン接合部分において映像が折れ曲がってしまう現象が非常に発生しやすい．現実的には，体験者の視点位置を計測するセンサの精度にも限界があり，また眼球の中心位置を正確に把握することが技術的に困難であることから，スクリーン接合部分でのひずみは避けられない問題となって表面化してくる．そして，上記のように，提示した直線が折れ曲がるようなひずみは，体験者にとって大きな違和感の原因となる．一方，D-visionでは，実際の体験者

136   5. VRへの応用

と生成映像の視点位置にずれが生じた場合でも，滑らかなスクリーンのため，そのひずみも滑らかに発生し，体験者に与える違和感を低減できているものと考えられる。

CAVE と D-vision に実際に提示された直線成分のひずみの大きさを図 5.15 (a)，(b) に示す。ヘッドトラッキングされている体験者の視点位置を原点とし，もう1人の体験者の視点位置（横軸）から観測される直線成分のひずみを曲率変化（縦軸）として示している。観察対象となる直線成分は，スクリー

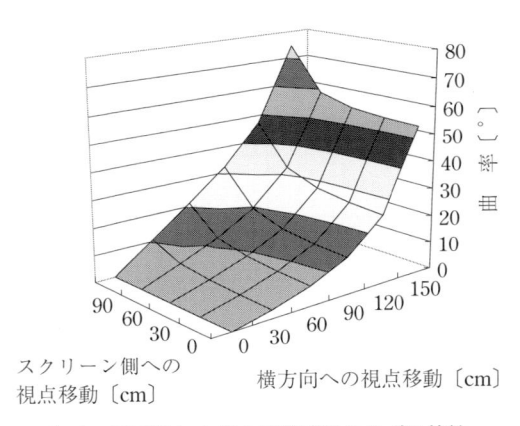

(a)　CAVE における直線成分のひずみ特性

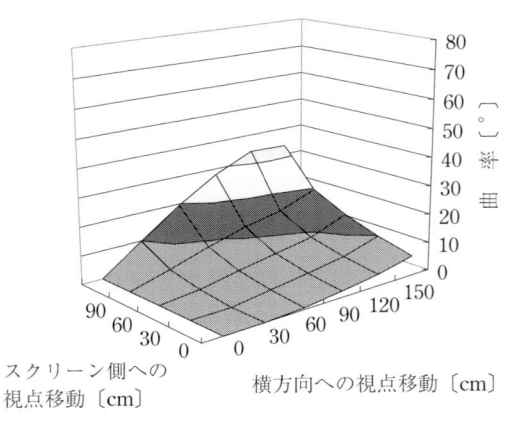

(b)　D-vision における直線成分のひずみ特性

図 5.15　ひずみ特性の比較[29]

ン接合部に投影されるように，体験者の右斜め上方向にスクリーンと垂直になる向きで配置した．

図5.15（a），（b）の結果より，計測範囲全体においてD-visionのほうが比較的ひずみの少ない映像を提示できることが確認できる．特にD-visionでは，スクリーンに近づいた際の激しいひずみが低減されており，安定した映像提示が可能であるといえる．

同様に，スクリーン全域が滑らかな曲面によって構成される半球ドーム型スクリーンのような曲面スクリーンとの比較を想定してみると，前者には形状の異なるスクリーンが接合される箇所が存在しないため，前述のスクリーン接合部分でのひずみは発生しない．しかしその一方で，ヘッドトラッキングされた体験者以外に呈示される映像は，スクリーン全域においてその曲率に従ってひずむことになる．すなわち，すべての直線成分は曲線成分として知覚されることになる．

このような状況は，一般的に用いられている直径2〜3m程度の半球ドーム型スクリーンでは多くみられ，複数人による観察には適していないことが容易に推測できる．

曲面スクリーンにおいてこのような問題を解決する方法として，曲率半径を大きく設計した大型曲面スクリーンが考えられる[31]．この場合，スクリーンの曲率が小さく抑えられるため発生するひずみの低減が可能になる．大型曲面スクリーンを精度よく実現することは困難であるが，もしこれが実現可能であれば，複数人による観察時にも違和感のない映像提示を行うことができると考えられる．D-visionで試みられている，平面と曲面を滑らかに接合してひずみを低減する手法は，この巨大な曲面スクリーンを実現することに通じるものであるといえる．

5.3.2　高い没入感の実現

D-visionにおいて実装されたHybridスクリーンの特徴に着目すると，中心視野映像表示を担当する正面スクリーンには立体視に対応した平面ハードス

クリーンを配置し,周辺視野映像表示を行う周辺領域には,FRP (fiberglass reinforced plastic) によって形成した曲面スクリーンに,立体視対応のための反射塗装を施したものを組み合わせて用いている。FRP は自由な形状構成が可能であるため,このような Hybrid 構成を可能している。また,FRP によるスクリーンは強度にも優れているため,ソフトスクリーンで構成される一般的な曲面スクリーンと比べて取扱いが容易であり,スクリーン周辺にさまざまな入力装置を取り付けることも可能となる。D-vision におけるスクリーンサイズは,FRP の十分な強度を活かすことで,設置に用いた室内空間を無駄なく活用した高さ 4.0 m,幅 6.3 m,奥行き 1.5 m というサイズを実現している。

また,後述するターンテーブルを組み込んだ足踏み型移動インタフェースを利用することで,体験者の視線方向をつねに平面スクリーン方向に向けるように制御することが可能となる。そのため,D-vision で用いたような上下 180°の視野を覆いつくすスクリーンを用意しておくだけで,体験者の全周囲をスクリーンで取り囲んだ場合と同等の効果を得ることができ,スクリーンを含めた装置全体の実装スペースに関して大幅な効率化が実現されている。

一方,没入型ディスプレイでは,体験者の視野が映像によって覆いつくされるのと同時に,自らの頭上や足元にまで映像が展開されることが,体験者の没入感に大きく影響を与える。特に自分の足が映像提示されたスクリーンの上に立っていることによる仮想世界との連続感は,その世界の中に実際に立っているという感覚を強く与えてくれる。

このような没入感を定量的に評価することは難しいが,その一端を表す指標として視覚誘導自己運動(vection)というものが知られている[32]。これは映像刺激から感じる移動感覚によって体験者に発生する重心動揺を測定するものであり,大きな重心動揺が観測されるほど,映像刺激の効果が大きいといわれている。この視覚誘導自己運動による重心動揺計測を行うことで,D-vision の Hybrid スクリーンが没入感に与える影響の大きさを測定した。映像刺激としては,幾何学的なパターンをトンネル状に配置し,これを前後に移動させて

5.3 最新のVRシステム：D-vision   139

図 5.16　D-vision で視覚刺激映像を提示している様子[33]

生成した。この様子を図 5.16 に示す。

　まず，映像提示視野角を 60°，100°，180° と徐々に広げながら重心動揺計測を行った結果（図 5.17　条件 1），映像提示視野角の拡大に比例して大きな重心動揺が計測された（図 5.18　条件 1）。これは，より大きなスクリーンを用

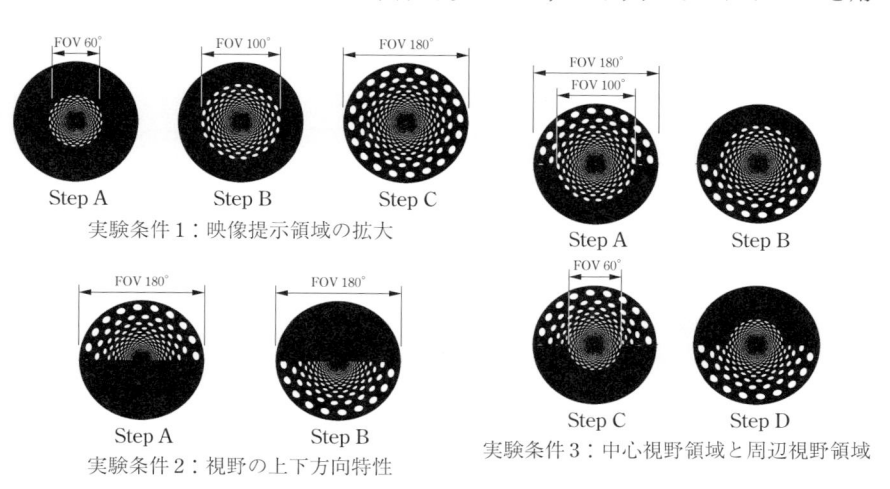

図 5.17　重心動揺計測に使用した視覚刺激[33]

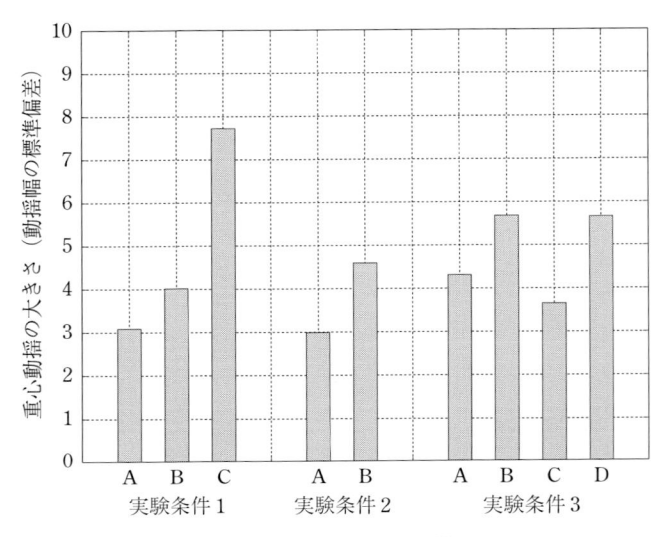

図 5.18　重心動揺の計測結果

いることが高い没入感の実現につながることを示している。特に，映像提示視野角 100° と 180° の条件において差が出たことに大きな意味があると考えられる。人間の視野領域において，100° を超えた領域は補助視野領域として分類されている[34]。この補助視野領域内においても，より周辺の領域まで利用して映像刺激の提示を行うことが，高い没入感の実現に貢献するという結果を示している。一般的な TV モニタなどでは，提示視野角 100° が効果的な映像提示範囲とされていることが多いが，VR が求める没入感においては，さらに広域な映像提示が有効であることが確認できる。

つぎに，D-vision の特徴である，頭上まで覆いつくす視野上部への映像提示と足元を含む視野下部への映像提示の効果を確認するために，Hybrid スクリーンを上下に分割した 2 条件（図 5.17　条件 2）と，正面に視野角 60° および 100° の映像提示を行った状態で周辺の上部または下部に映像提示を行った 4 条件（図 5.17　条件 3）において重心動揺計測を行った。その結果，視野上部および視野下部への映像提示が没入感を高める効果をもつことが示され，特に上部よりも足元を含む下部への映像提示が，今回用いたように前後運動する

映像刺激に対しては高い没入感を誘導する結果となった（図 5.18　条件 2）。中心視野領域に映像提示を行っている場合にも，足元や頭上を含む領域への映像提示効果は確認されており，D-vision のように完全に体験者の周囲を映像で取り囲む映像提示が，高い没入感を備えた仮想環境を提示するのに適していることが確認できる結果となった（図 5.18　条件 3）。

5.3.3　投影システム

D-vision における映像投影には，汎用機器である液晶プロジェクタが使われている．立体映像表示時には，同一の映像投影領域に対して 2 台のプロジェクタを用意し，直線偏光フィルタを用いて右眼用と左眼用に視差を考慮した映像を提示することでこれを実現している．この際，体験者は偏光フィルタを組み込んだ簡易メガネを装着することになる．各プロジェクタの明るさは約 3 000 ANSI ルーメンである．最近ではより明るいものが安価で入手可能であり，D-vision の構成では特定のプロジェクタに依存しないことから，これを高性能なものに置き換えていくことでより高品位な映像提示を実現することができる．

映像投影方式に関しては，Hybrid スクリーンにおいて正面に配置された平面スクリーン部分では，体験者の影がスクリーン上に落ちることを避けるために背面投影を選択している．平面スクリーンを 4 分割し，対応するプロジェクタをアレイ状に規則正しく配置している．一方，前述の平面スクリーンの周辺に配置されている曲面スクリーン部分に対しては，設置スペースを節約するためにプロジェクタを体験者の背後に密集して配置して，そこから前面投影を行っている．この方式では，曲面スクリーンを構成する球面，円筒面などの各領域に対して，比較的垂直に近い形で映像を投影できるため，プロジェクタのもつ明るさを十分に活かすことができる．

以上の方式に従い，D-vision では背面投影部分に 4 台，周辺領域の前面投影部分に 12 台，計 16 台のプロジェクタが割り当てられるが，立体映像に対応するために，前面投影部分およびその上下の周辺領域にはもう 1 台ずつプロジ

142   5. VRへの応用

(a) 平面部分への背面投影用
　　プロジェクタアレイ

(b) 曲面部分への前面投影用
　　プロジェクタアレイ

図 5.19　D-vision における投影システム[29]

ェクタを追加し，計 24 台のプロジェクタが用いられている（**図 5.19**）。

D-vision で採用した Hybrid スクリーンと巧みなプロジェクタ配置により，これまで没入型ディスプレイ構築に必要となっていた巨大な設置スペースを大幅に削減することができる。公開されている仕様をもとに，実在する各種ディスプレイの大きさと，そのスクリーンがシステム全体に占める容積割合を算出して比較を行った（**表 5.1** および**表 5.2**）。

表 5.1　没入型ディスプレイの大きさ[29]

	装置全体		スクリーン	
	サイズ〔m〕	容積〔m³〕	サイズ〔m〕	容積〔m³〕
D-vision	6.3×4.8×7.2	2.2×10²	6.3×1.5×4.0	3.1×10
4面CAVE	7.0×8.8×4.0	2.5×10²	3.0×3.0×2.4	2.2×10
5面CAVE	7.9×11.0×7.3	6.3×10²	2.5×2.5×2.5	1.6×10
6面CAVE	15.1×16.8×9.8	2.5×10³	3.0×3.0×3.0	2.7×10

サイズは $(W)\times(D)\times(H)$

表 5.2　装置全体に対するスクリーンの容積比[29]

	D-vision	4面CAVE	5面CAVE	6面CAVE
スクリーン数	1	4	5	6
容積比〔%〕	14.1	8.8	2.5	1.1

これらの表におけるスクリーンの容積とはスクリーンによって囲まれる領域の体積とし，また，装置全体の容積とは，スクリーンおよびそれに映像を投影

するためのプロジェクタや大型スクリーンに十分な大きさの映像を投影するための投射距離を確保するためのスペースなどを含む最小の直方体の容積とする。

スクリーンの大きさは，同時に映像を体験できる人数や，そのスクリーン形状に適した表示対象など，さまざまな要素に影響を与える。そのため，容積が大きいほど優れているとは一概に結論づけることはできない。表 5.1 に示されている四つのディスプレイは VR での利用を想定して作られたものであり，そのスクリーン容積もほぼ一致している。しかし，表中の四つのディスプレイでは，装置全体を実現するために要求されるスペースが大きく異なっている。これはスクリーンの構築方法によるところが大きい。

さらに表 5.2 より，4 面 CAVE の場合，スクリーンおよびプロジェクタを配置するために必要なスペースに対して，構築可能なスクリーンの大きさは約 8.8% となる。スクリーン面を増やしていくと，例えば 5 面 CAVE のある実装例では 2.5%，さらに 6 面 CAVE の例では 1.1% と，装置が大型化することによって設置可能なスクリーンの相対的な大きさは小さくなってしまう。

一方，D-vision において同様の比較を行うと，設置スペースに対するスクリーンの大きさは 14.1% になる。D-vision では一つの Hybrid 型スクリーンしか用いていないが，そのスクリーンの広視野角特性と後述するターンテーブルを用いた足踏み型移動インタフェースの利用により，表 5.2 中の 6 面 CAVE とほぼ同等の映像提示能力であるといえる，体験者が向いたすべての方向への映像提示を実現している。

表 5.1 および表 5.2 に示した数値はあくまでも一つの実装例にすぎないが，D-vision で用いた考え方は，限られたスペースにおいても効率的に大型スクリーンを構築することが可能であるということを示しており，没入型ディスプレイをより多くの分野において利用していく際において重要な改善であるといえる。例えば，専用の建物をもつ機関でしか実現できなかった没入型ディスプレイを，余った部屋などを利用することで大学の研究室レベルでも実現可能にすることにつながる。より身近な装置となることで，これまでおもに使われて

いたVRに関連する研究に限らず，ゲノム科学やその成果を応用した製薬に関連した研究におけるタンパク質構造の可視化システムなどの多様な方面への普及が期待できる。また，同様のシステムが普及することで，ネットワークを介して遠隔地間を結合することで相互に空間を共有する技術[35]の発展にも貢献できると考えられる。産業応用においても同様の効果が予想され，特に手軽な応用が期待できるディジタルモックアップなどへの応用も急速に浸透していくと考えられる。そしてその未来には，各家庭において大型の映像提示装置としての普及にもつながっていくことが期待できる。

また，D-visionのように複数台のプロジェクタを用いることで，高解像度な映像投影を実現できるという利点もあげられる。提示された仮想空間と等身大スケールでインタラクションすることを目的とした没入型ディスプレイでは，映像の解像度がその映像空間への没入感に大きな影響を与えることが知られている。参考までに，代表的なディスプレイ装置の解像度を**表5.3**に示す。

表5.3 解像度の比較

比較対象	D-vision	CAVE	液晶モニタ
	スクリーン全体	150インチ（正面）	21インチ
スクリーン数	16	1	1
視野角（H×V）	180°×180°	90°×65°	40°×30°
解像度（H×V）	4 608×3 584	1 280×1 024	1 280×1 024
観察距離	1.5 m	1.65 m	0.6 m
角度分解能	2′22″	4′13″	1′52″
視力換算値	0.42	0.24	0.53

表5.3中の比較対象の項では，今回比較に使用したスクリーン領域を示している。D-visionおよび液晶モニタではスクリーン全体を比較対象としているのに対して，CAVEに関しては，周辺視野に相当する左右スクリーンにおいては解像度が著しく悪く算出されてしまうため，実際の使用状況を考慮して，体験者が正面スクリーンに正対するときの正面スクリーン部分の解像度を対象とした。

表中の観察距離の項で示したスクリーンまでの距離は，各ディスプレイにおいて一般的に多用されると予想される距離を設定した。また，表5.3において

は，映像の提示視野角と解像度から角度分解能を求めており，これをより身近な値である視力に換算した値も併記している．視力は角度分解能に反比例し，分解能1分角が視力1に相当する．

表5.3より，一般的な液晶モニタが実現する解像度に対して，CAVEのように一つのスクリーンに対して一つのプロジェクタを利用する方法では，十分な映像分解能を実現することが困難であることがわかる．従来は，アーチ型のスクリーンを用いたディスプレイにおいて，その広い映像提示領域を実現するために複数台のプロジェクタが用いられるケースがあった．しかし，D-visionのように，単位面積当りの明るさと解像度を向上させるために複数台のPCによる映像投影を実現するという手法も，現在利用可能な技術および機材を有効活用するという点で効果的であると考えられる．もちろん，機材数が増えれば導入および管理コストの増加が懸念されるが，近年の汎用機材の進化から十分に解決可能な問題であると考えられる．

現在，D-visionにおいて実写映像を投影した場合，解像度の粗さによる画質の劣化を感じさせない映像提示が実現されている．しかしながら，表5.3の結果より，24台のプロジェクタを用いたD-visionでさえも，人間の視覚系と比較して十分な解像度を実現しているとはいい難く，映像の提示分解能に関してはデスクトップ環境にも劣っているのが現状である．しかし，従来の一つのスクリーンに対して1台のプロジェクタを用いるという束縛を取り払うことで，より高い解像度の没入型ディスプレイが実現できることをD-visionは実証しているといえる．今回D-visionを実装した際と同様の技術を用いてより多くのプロジェクタを組み合わせることで，さらなる高解像映像提示に対応していくことが可能であると考えられる．

5.3.4 拘束感の少ない視点位置計測

前述のHybridスクリーンを実現することで，体験者の周囲を映像で取り囲むことが可能になった．しかし，このディスプレイ上に体験者の視点から見た世界を正確に反映した映像を提示するためには，体験者の頭部位置，さらに厳

密に記すならば，体験者の視点位置を実時間で計測する必要がある。

D-visionでは，体験者自身への負担の少ない，カメラを用いた画像処理による三次元位置計測技術の導入を行っている．この技術においては，スクリーンへの投影映像を阻害しないように，赤外線と反射型マーカの組合せが定番となっている．D-visionでは，マーカ位置検出機能を組み込んだ三次元位置計測カメラを体験者の頭上に設置し，三次元映像体験用の偏光フィルタメガネのフレームに取り付けた反射マーカを追跡することで，体験者の視点位置情報を獲得している．画像処理の場合，他のセンサ方式に比べて遅延の発生量が大きいことが問題となるため，遅延を考慮した動作予測などの技術の併用が求められる．D-visionで用いているシステムは，画像処理機能をハードウェア化して搭載しているため，応答性にも優れている（図 5.20）．

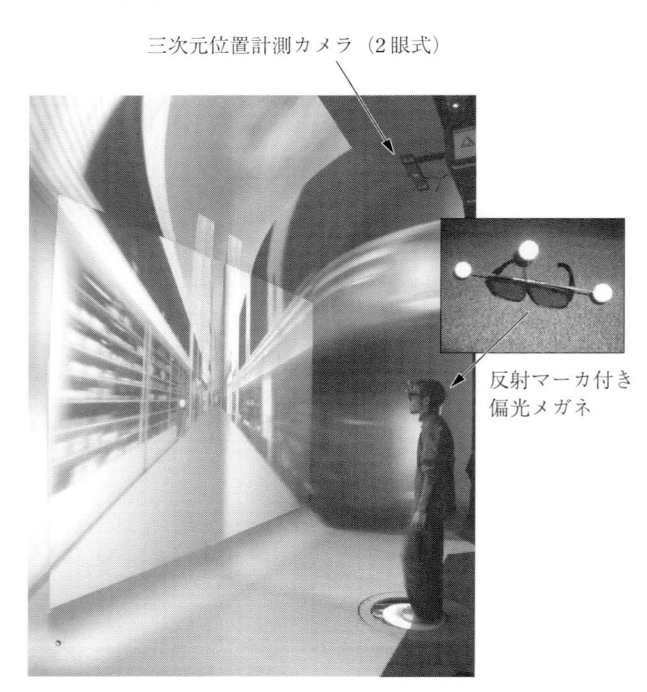

図 5.20　三次元位置計測カメラを D-vision 内で利用している様子

さらにこの技術を拡張し，複数台の赤外線カメラを体験者の周囲に配置することで，体験者の身体の各部位に装着した多数のマーカを隠れなく計測可能なシステムの導入も行っている。前述のように，カメラを体験者の頭上に設置する方式では，ヘッドトラッキングに限った場合において有効であった。ここで述べるような，体験者を取り囲むようにカメラを配置する方式はモーションキャプチャで用いられている構成に近く，効果としても全身の動作を計測可能なモーションキャプチャに匹敵する結果を得ることができる。D-visionのような大型ディスプレイでは，体験者がある程度の自由度をもって動きまわることが想定されるため，体験者の姿勢や立ち位置に対する制約を減らすことは重要な要求であるといえる。

5.3.5　投影映像の色・幾何補正

D-visionのようなマルチプロジェクション方式に代表されるように，近年の没入型ディスプレイでは複数台のプロジェクタによる多重投影が多く用いられている。これにより，単位面積当りの輝度を向上させ，同時に投影映像の高解像度化も実現することができる。しかしこのような構成においては，複数台のプロジェクタからの投影映像をスクリーン上においてつぎ目なく滑らかに接続することが要求される。また，D-visionではスクリーンの一部に曲面を採用していることから，スクリーン形状による投影映像のひずみも発生している。これらの色・輝度に関する不均一性や，スクリーン形状に依存した投影映像の幾何的ひずみの補正を行うことで，投影された映像の品質を向上させる技術の投入が近年の没入型ディスプレイにおける必須要素であるといえる。

D-visionでは，まずその特徴的なスクリーン形状とプロジェクタ配置に起因するひずみの補正を行っている。プロジェクタの取付け位置および投影方向には，経年変化やプロジェクタランプの消耗を考慮して大きめの自由度を設定している。そのため，Hybridスクリーン周辺部分の曲面スクリーンにおいてはもちろんのこと，平面部においても幾何的ひずみが発生する。そこでD-visionでは高解像度ディジタルカメラによって投影映像を観察し，そこから幾

何的ひずみの計測を行う．計測されたひずみパターンを逆変換したものをCG作成時に適用することで，投影された映像のひずみを打ち消すことができる．

つぎに，各プロジェクタの映像をつなぎ目が目立たないようシームレスに接続する．ここではエッジブレンディングと呼ばれる手法が多く利用されている．これは映像が重なり合った状態において，単一プロジェクタから投影した状態と同じ輝度になるように調整する手法である．D-visionでは，各プロジェクタからの投影映像は相互に若干のオーバラップ領域が設けられており，この領域を利用してエッジブレンディングを行う．オーバラップ領域に相当する映像は，画像の中心から端に向かって徐々に輝度を低下させ，隣接映像と重なり合った状態で輝度がプロジェクタ1台分に相当するように調整される．また，このエッジブレンディングと同時に，スクリーン全体の色のバランスに関してもカメラを使って観測し，色の均一性がスクリーン全体において保てるように色補正を行う（図 5.21）．

(a) 色補正

(b) 幾何補正（ひずみ補正）

(c) 輝度補正（ブレンディング）

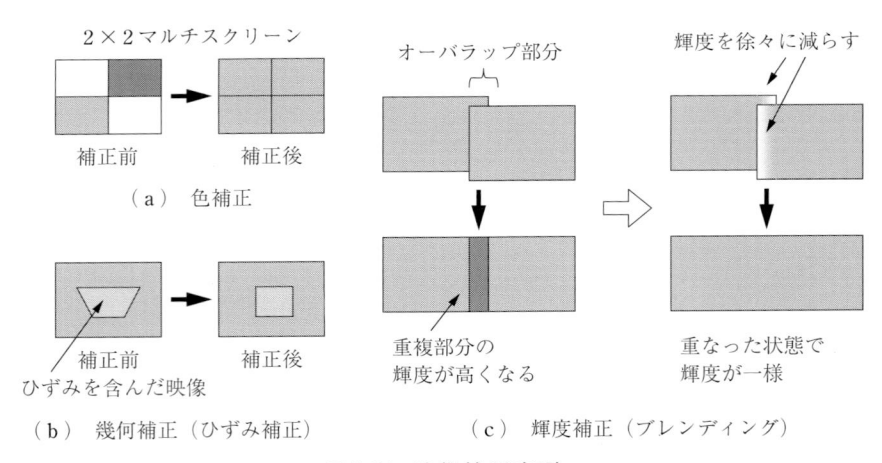

図 5.21　映像補正事項

以上により，複数台のプロジェクタから投影された映像が，連続した一つの世界へと変化する．非常に些細なつなぎ目や色の違いに対しても人間の目は敏感にそれを知覚してしまうため，これらの処理はすべて画素単位で行われるこ

とが望ましい。しかし、画素単位で行うような精度を高めた補正処理は一般的に多くの時間が必要とされるため、システムの用途に応じた時間と映像品質のトレードオフを考慮する必要がある。

上述のような色・輝度・幾何補正に関して、D-visionでは専用の映像処理ハードウェアを利用している。これは、前述の各種補正内容を事前にルックアップテーブル化しておき、PCによって生成された映像に対して実時間で補正処理を加えるものである。このような機能をもった装置はプロジェクタ側に搭載されることもある。D-visionではPCとプロジェクタの間に映像処理ボードを配置することでこれを実現している。しかし、近年のPC性能の向上により、PC単体での処理も十分可能になりつつある。D-visionでは、ビデオカードに搭載されている3Dグラフィックス処理用チップであるGPUの機能を利用することで、実時間映像補正をする手法にも対応している。

GPUを用いて映像補正を行う場合には、各ルックアップテーブルを3D CGにおけるテクスチャ画像として取り扱う。マルチテクスチャ技術によって複数のルックアップテーブルテクスチャを参照し、CG映像を生成するのと同時に補正処理を行う。テクスチャを多用する3D CG処理は近年大幅に高速化されているため、十分に実時間処理が可能である。専用の映像処理ハードウェアを用いた場合とGPUを用いた場合の映像処理過程を図5.22に示す。

D-visionのような大型システムでは、プロジェクタを理論値どおりに正確に配置することも非常に困難である。これは、たとえ取付け用台座を高精度に作ったとしても、汎用品であるプロジェクタ自体の個体差や調整機能によって映像の提示位置は簡単に変化してしまうからである。調整機能を利用しなかったとしても、ランプ交換時にプロジェクタの取付け位置に微妙なずれが生じる可能性を考慮しなくてはならない。そのため、定期的にプロジェクタの取付け位置を計測し、必要であればキャリブレーションを行っていく必要がある。D-visionではそのようなキャリブレーション処理の手間を省くために、あえてプロジェクタの取付け位置に関する精度を追求しない方針で設計を行っている。プロジェクタの位置ずれは映像の幾何ひずみ・輝度ひずみなどとなって表

150   5. VR への応用

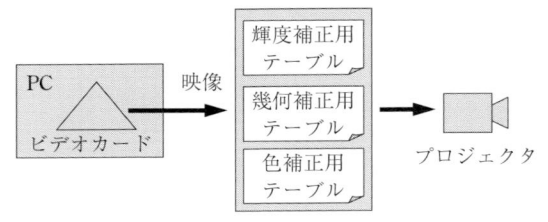

```
           輝度補正用
           テーブル
  ┌───┐ 映像  幾何補正用
  │ PC │ ──→  テーブル  ──→ プロジェクタ
  │ビデオカード│ 色補正用
  └───┘     テーブル
         映像処理ハードウェア
```

（a）　専用映像処理ハードウェアを利用する場合

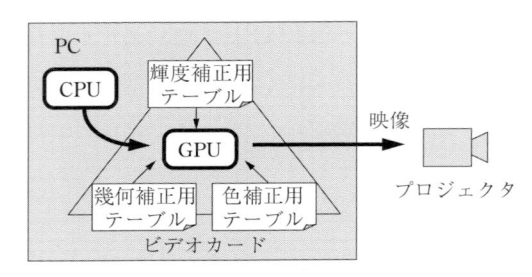

```
  ┌─PC──────────┐
  │  ┌───┐ 輝度補正用      │
  │  │CPU│  テーブル       │
  │  └─┬─┘              │ 映像
  │    ↓   ┌───┐  ────→ プロジェクタ
  │       │GPU│
  │       └───┘
  │  幾何補正用  色補正用
  │  テーブル    テーブル
  │      ビデオカード        │
  └──────────────┘
```

（b）　ビデオカード内の GPU を利用する場合

図 5.22　映像補正処理の流れ

面化してくるため，これらを補正する過程を備えた D-vision であれば，プロジェクタ自体の取付け精度にかかわらず，最終的な映像補正部分できちんとその誤差を吸収することが可能である。もちろん，事前に行う色・輝度補正も時間のかかる処理であるが，物理的な自動化の可能性が高いため，将来的な運用コストを考慮すると有効な選択であるといえる。

実際に D-vision において補正の有無を変化させた様子を**図 5.23**に示す。この図は補正用パターンを提示した状態で，スクリーン正面から観察した様子である。補正を用いない状態の映像は，平面スクリーンを用いて単純な投影を行っている部分においても大きな幾何ひずみが生じていることがわかる。そして，それらのひずみが，映像補正の過程を経るに従って修正され，最終的にはスクリーン全体で連続した映像となって提示されていることが確認できる。

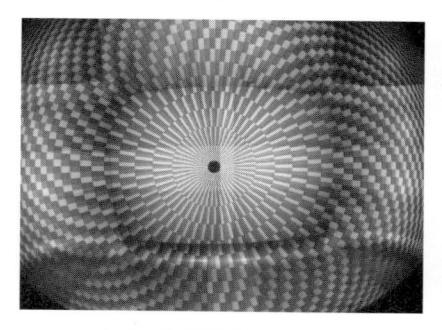

（a） 輝度補正なしの場合 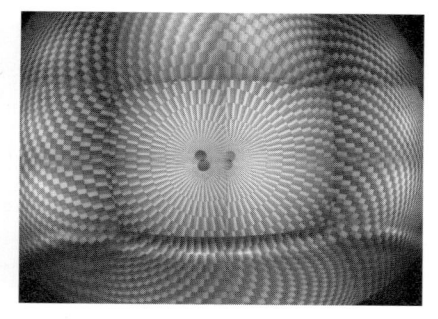　　　　　　（b） 幾何補正なしの場合

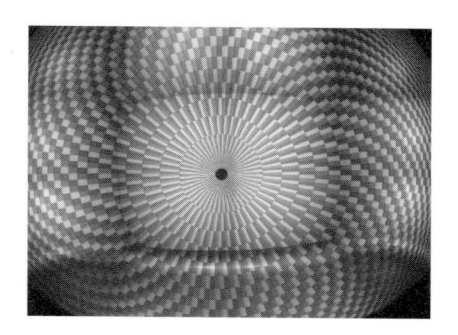

（c） 輝度・幾何補正を行った場合

図 5.23　D-vision における輝度・幾何補正の効果

5.3.6　任意視点への対応

　前述の色・輝度補正の方法は，カメラによって観察された映像を基準として補正を行う。そのため，カメラ位置を基準とした補正結果となることから，通常は観察者の視点位置と想定される位置にカメラ中心を一致させて計測が行われる。しかし，立体視のためのヘッドトラッキングと同様に，没入型ディスプレイでは体験者の視点位置が自由に変化することが特徴となっている。そのため，カメラを設置した一点だけを視点位置と仮定することには無理が生じてしまう。

　そこで D-vision では，体験者の視点位置移動に対応して映像補正を的確に行う手法を導入している。前述のカメラによる観察に基づく手法では，時々

刻々と変化する視点位置に追従することは困難であるため，CGにおける技法を駆使することでリアルタイムに任意視点における補正を可能にしている。まず，この手法について述べる前に，プロジェクタへの入力画像とそのスクリーン上での投影画像，そしてその投影画像を観察者の目を通して見た観察画像の三つの関係について説明する。これらの入力画像，投影画像，観察画像の関係を図 5.24 に示す。

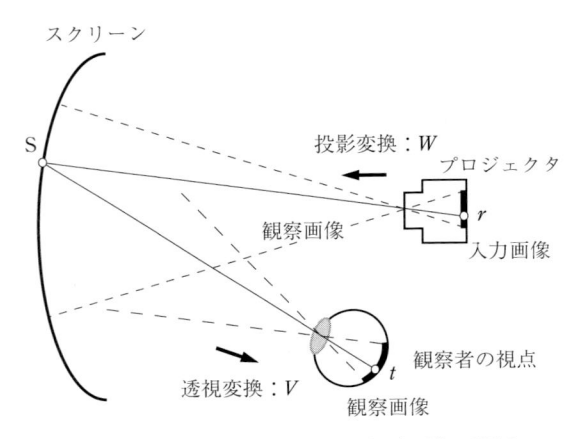

図 5.24　入力画像・投影画像・観察画像の関係

図 5.24 では，観察者が見ている観察画像は，観察者の視点位置において十分に幾何・色補正がなされているものとする。この図 5.24 において，プロジェクタと観察視点の双対性を利用して見方を変えると，投影変換 W は透視変換 W^{-1} へ，また透視変換 V は投影変換 V^{-1} へと置き換えることができる。すなわち，プロジェクタを観察視点に，そして観察視点をプロジェクタに置き換えて考えることができる。この新しい関係を図 5.25 に示す。

図 5.25 では視点位置に仮想プロジェクタが置かれ，もともとプロジェクタの置かれていた場所に仮想視点が置かれている。図 5.24 で観察者が見ていた映像をここでは入力画像とし，これを図 5.24 で用いられた変換の逆変換を用いてスクリーンに投影し，さらに仮想カメラで観察するものとする。この仮想カメラで得られた画像と図 5.24 で用いた入力画像は同一のものとなる。

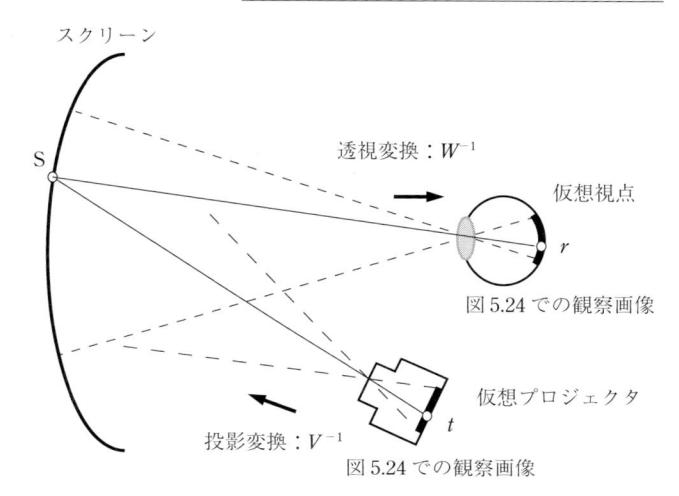

5.3 最新のVRシステム：D-vision

図 5.25 プロジェクタと観察視点の相似関係を用いた
入力画像・投影画像・観察画像の関係

　D-vision で用いている補正手法は，まず観察者がスクリーンを実際に観察する視点位置から映像を作成し，これを図 5.25 の仮想プロジェクタから投影されて仮想視点で観察される様子を，3D ビデオアクセラレータでサポートされている射影テクスチャマッピング技法を用いてシミュレートする．こうして得られた仮想視点によって観察された映像を実在するプロジェクタから投影することで，図 5.24 の関係に従って補正が完了したひずみのない映像が観察者の任意視点に対応して提示される．

　射影テクスチャマッピングは，テクスチャ画像を三次元形状にシールを貼り付けるようにマッピングする通常のテクスチャマッピング技術を拡張したもので，イメージの貼付けの際に射影変換を施しながらマッピングを行うものである．これはまさに，プロジェクタなどの投影装置を用いて，三次元形状に映像を投影することと同じ結果を得ることができる．

　一連の流れを**図 5.26** に示す．図中の"仮想世界1"というのが，観察者の視点から見た映像を作成する部分である．ここで生成された映像をそのままテクスチャとして用い，先ほどの双対性を利用して置換えを行った"仮想世界

154　　5. VRへの応用

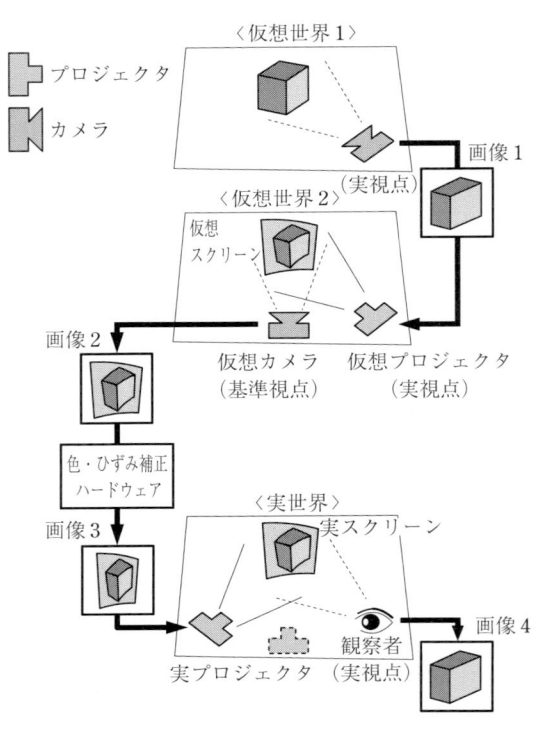

図 5.26 任意視点からの観察に対応した
色・輝度補正処理の流れ[36]

2"において，D-visionをモデル化したスクリーン面上に射影テクスチャマッピングを行うことで，スクリーン上に投影された様子を再現している。ここで，先ほど仮想視点を配置した箇所に仮想プロジェクタを置き，基準視点においた仮想カメラから見た映像を取得することで，プロジェクタへの入力画像とすることができる。この仮想カメラの位置を，5.3.5項で述べたカメラによる観測を行った位置（基準視点）と一致させることが重要である。これにより，図 5.26 の下側部分に表されるように，前述のカメラを用いた補正手法と任意視点での補正処理を組み合わせて連続的に行うことが可能になる。仮想カメラからの観察画像と，実在するプロジェクタ間のひずみに関しては前述の補正処理によりルックアップテーブル化されているため，図 5.26 中の画像 2 を前述

の補正ハードウェアに入力することで，実際にわれわれがプロジェクタに入力すべき映像（画像3）が得られる。

仮想世界1および2における処理はすべて三次元CG技術を用いているため，高速なビデオアクセラレータを用いることで十分に実用的な速度を得ることができる。直接画像2を得るのではなく，いったん画像1を作成する手順が増えるため，Two-Pass Rendering とも呼ばれる手法である。視点位置はヘッドトラッキングを行っているためリアルタイムに獲得することができる。

以上を組み合わせることで，任意視点に応じたひずみ補正機能を実現することが可能となる。没入型ディスプレイの特徴ともいえる体験者の自由な視点移動に対応して，どの視点位置に対してもひずみや色むらの低減された映像が提示され，高い没入感の実現に大きく貢献することとなる。

5.3.7 映像生成システム

D-vision で用いている各プロジェクタには，映像生成を行う PC がそれぞれ接続されている。プロジェクタが計24台あるため，これに応じて PC も24台構成のクラスタをなしている。これらの PC はなんの変哲もない PC であり，壊れたり，より高速な製品が市場に投入されたりするのにあわせてリプレースしていくことで，つねに最先端の CG 技術を利用することを想定している（図5.27）。

従来の CAVE 型ディスプレイでは専用の GWS などの環境が用いられてきたため，それを駆動するためのソフトウェアも特殊なものになりがちであった。没入型ディスプレイは幅広く活用されてこそ活きるものであり，利用者の立場に立ったソフトウェア環境の提供は非常に重要な要素といえる。そこで D-vision で用いている PC クラスタでは，Windows を OS として採用することで，われわれが普段利用している開発環境と同じ環境を提供することで，アプリケーションを開発しやすい状況を設定している。PC クラスタ上でアプリケーションを実行するためには，各 PC ノード間の同期処理を行う必要があるが，これを容易に実現可能なフレームワークを提供することでデスクトップ環

図 5.27 D-vision 用の映像生成を担当している PC クラスタ[29]

境と同様にアプリケーション開発を行える工夫をしている．実際に用いているフレームワークの詳細に関しては，6.2 節で詳しく述べる．

D-vision で使用している PC クラスタは，すべてが Gigabit Ethernet で接続されている．プロジェクタに接続された 24 台は，基本的には描画専用 PC として機能し，これらを統括する制御用 PC がもう 1 台接続されている．すべての PC 上で同一のアプリケーションが動作し，制御用 PC からの同期信号と，事前に割り当てられた描画領域情報に従って動作する．VR 特有の各種デバイスも，基本的には制御用 PC に接続され，その入力情報が描画用 PC 群に同期信号とともに送信されることで，すべての PC にあたかもデバイスが接続されているかのように見せかけている（図 5.28）．

汎用的な PC が VR において実用水準に達したことが，没入型ディスプレイを現在の形にまで進化させることのできた大きな要因の一つであるといえる．今後は，家庭用ゲーム機などにも現在の PC と同等かそれ以上の三次元映像処理能力が与えられていくこととなる．今後登場する新しい技術を積極的に取り入れていくことが，没入型ディスプレイのより広い分野での応用につながっていくと予想される．

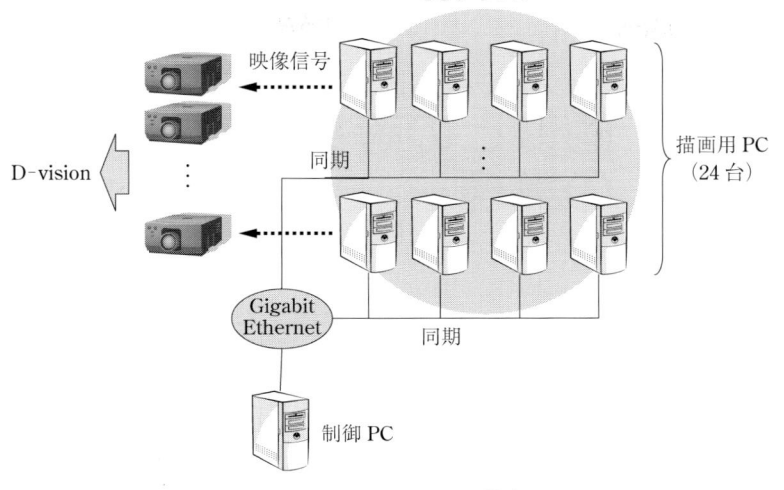

5.3 最新の VR システム：D-vision　　　157

図 5.28　PC クラスタの構成

6 画像との等身大対話環境の実現

　VRへの応用でも述べたように，三次元画像とVR技術には深い関係があり，相互に発展を支えてきた．今後のVR技術においては，映像を提示するだけに限らず，提示した映像との対話性が重要視されていくことが予想される．また，そのような環境が特殊なものではなく，より身近に構築可能であることが強く求められている．そこで本章では，映像空間への没入感を高めるために必須となる等身大三次元映像と対話するためのインタフェース技術や，実時間映像生成を支えるソフトウェア技術に関して紹介する．さらに，これらの没入型ディスプレイを用いた実際の応用例を紹介していく．

6.1 等身大映像との対話技術

　本節では，5.2節で紹介した最新の没入型ディスプレイにおいて現在注目されている，人と映像とのインタラクション技術に関して述べる．映像が等身大でリアルに表示されるほど，体験者はその映像とのインタラクションを強く希望するようになる．これはVR世界がより現実に近づいている一つの現れであるといえる．本節では，等身大VR環境に欠かせない空間移動と，仮想世界に直接手で触れて対話を行う力覚インタフェース，そして体験者自身の身体動作を入力可能な三次元トラッキングシステムについて紹介する．

6.1.1 足踏み型移動インタフェース

　これまで小さなモニタの中でのみ実現されていた仮想世界が等身大スケール

でわれわれの目の前に展開されると，その世界への没入感は一気に高まる。仮想都市が目の前に広がり，仮想世界の住人たちが闊歩している繁華街の中に立つことも夢ではない。そのとき，体験者はきっとそのまちの雰囲気に溶け込み，そして歩いていきたいという思いを強く感じることとなる。5.2節で述べたように，没入型ディスプレイでは体験者の視点位置がつねに計測されており，頭を動かすと視界はその動きに追従して変化し，さらにそのまま一歩前に踏み出せば，その移動に応じた変化が映像として提示される。しかし，スクリーンで囲まれた空間において歩くことのできる範囲は限られており，数歩歩けばスクリーンが眼前に迫ってきてしまう。そのため，等身大VR環境内を実際に自分の足を使ってどこまでも好きなだけ歩いていけるような感覚を提示できるインタフェースが強く求められている。

限られた空間内で実際の歩行動作と同様の体験を実現するためには，非常に大がかりな装置が必要となってしまう[1]。等身大仮想環境においてこれを実現する際には，さらに映像提示の障害とならないシステムデザインが要求され，大規模な機構を組み込むことは非現実的な選択である。また，利用者の安定性を保つことも重要な要求であり，トレッドミルなどを利用した大型の装置では，利用者は体勢保持のためのデバイスを身体につけなければならず，自然な歩行動作への大きな障害となる。そのため，没入型ディスプレイではWANDと呼ばれる数個の入力ボタンを備えた把持型入力デバイスが多く用いられていたが，ボタン入力での移動は没入型VR環境の実現する没入感を著しく低下させる要因となってしまうことが指摘されてきた。

そこでD-visionでは，できるだけ現実世界での移動に似た感覚を提示可能な移動インタフェースの導入を行っている。等身大VR環境と容易に統合することができ，また利用者が特別なデバイスを身体につけなくても仮想世界の中を自由に移動することのできるインタフェースとして，ターンテーブルを用いた足踏み移動インタフェースを提供している。これは，装置下部に内蔵された四つの圧力センサから得られる値を用いて体験者の重心位置の変化を計測し，その変化パターンから，体験者が静止していたり歩行していたりする状態

や，さらにはジャンプ動作やしゃがみ動作までを識別することを可能にしている．利用者の身体への装着物をいっさい必要としないため，インタフェースの上に乗って即座に利用することが可能である．基本的な入力は足踏みであることから，だれもが直感的に操作することが可能である（**図 6.1**）．

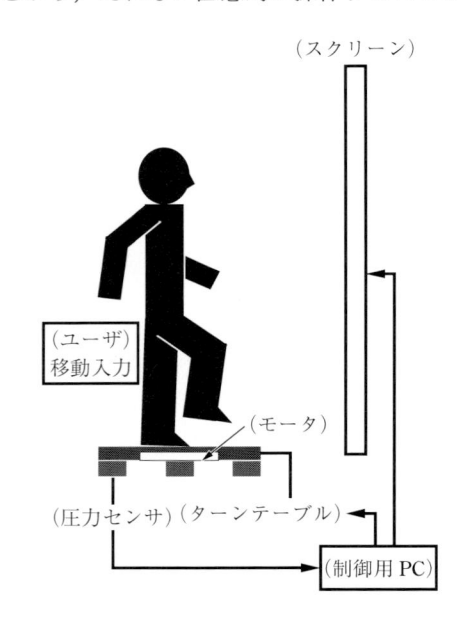

図 6.1 足踏み型移動インタフェースの構成[2)]
（copyright©2004 IEICE）

実際に歩行することと足踏みをすることは，厳密には異なる動作である．しかし，自らの身体を使って歩行に類似した足踏み動作を入力として行うことにより体勢感覚が刺激され，VR 空間内での没入感が高められることが知られている．また，身体を直接動かす入力であることから，VR 空間内を移動した量に応じて，現実と同様の距離感を得ることにも寄与している．何人かの人にこのインタフェースを使って VR 空間内での移動を体験してもらったが，ほとんどの体験者が，前進やジャンプなどの機能を区別して使いこなすことができ，テスト環境として設定した仮想迷路を短時間で抜け出すことができた．さらに，足踏みは一定の場所で行うので，インタフェースの小型化が可能であることや，利用者の身体の安定性を保つのが容易であるといった利点がある（**図

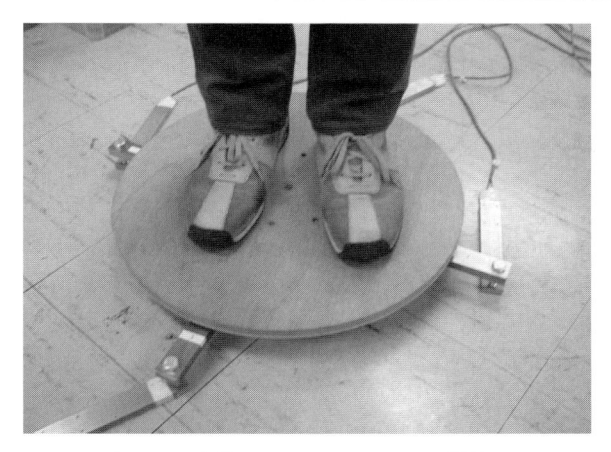

図 6.2 実装したインタフェースの外観[2]
（copyright©2004 IEICE）

6.2）。

体験者を中心として前後左右に等間隔で配置された圧力センサには，体験者の立つ位置に応じて荷重が分散してかけられる。体験者が足踏みをする際には，瞬間的に片足のみで身体を支えることになる。このとき，四つの圧力センサにかかる荷重は変動し，右足を踏み出した際には右側のセンサに，さらに左足を踏み出した際には左側のセンサに，より多くの荷重がかかることになる。また，足をつま先からおろすことにより，足をおろした瞬間に前方のセンサにより多くの荷重がかかることになる。この特性から，四つのセンサにかかる荷重から計算した荷重中心の動きは，左右の足を起点とし，進行方向に対して弧を描くような軌跡となる。

この様子を**図 6.3**に示す。図における x 軸は荷重中心の横方向の変位を示しており，y 軸は前後方向の変位を示している。図では，スクリーン正面に対して左 45°方向を向いて足踏みしている様子である。荷重中心の描く弧の向きに垂直な方向が左 45°方向であることから，体験者の足踏み方向が左 45°方向であることがわかる。

このような方法により，四つの圧力センサからの値を観測するだけで，体験

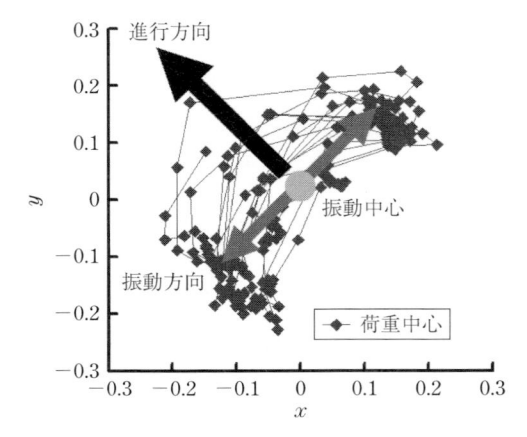

図 6.3 足踏み時の荷重中心の変化[2)]
(copyright©2004 IEICE)

者の足踏み方向を検出することができ，また，足踏みの速さは，荷重中心の移動速度から簡単に得ることができる。

このインタフェースのもう一つの重要な機能として，利用者の視線方向制御があげられる。デバイス中央部は，人間が乗っても非常に静かにかつスムーズに回転することができるリニアモータが組み込まれており，体験者に気づかれずにターンテーブルを回すことが可能になっている。足踏み型歩行インタフェースのように，体験者の身体を拘束せずに自由な方向への移動を可能にするシステムでは，体験者の身体自体もさまざまな方向を向くことになる。先にも述べたように，D-vision のスクリーン形状は体験者の前面のみを覆っているため，利用者が左右の方向を向いてしまうと，スクリーンに覆われていない領域が視野に入ってしまうことになる。このような場合，ターンテーブルに内蔵されたリニアモータを利用して体験者そのものを回転させて体験者自身の回転を打ち消すことで，つねに視野を映像で覆いつくしたままの状態を保つことが可能になる。

例えば，体験者が右方向に進んでいこうと方向転換をした場合，視野の右端からスクリーン以外の映像が飛び込んできてしまう。これを防ぐために，足元のターンテーブルを静かに左方向に回転させ，体験者自身の右方向への回転を

打ち消す（**図 6.4**）．このとき映像も同期して左方向に回転させることで，利用者に感知されずに回転動作を打ち消すことが可能になる．これにより，限られた領域にしか映像提示が行えないスクリーンを用いた場合にも，体験者の全周囲にスクリーンを張り巡らしたことと同等の効果を得ることができ，D-visionのような体験者の前面のみを覆うディスプレイ環境においても，体験者は自由な方向へ好きなだけ歩いていくことができる．

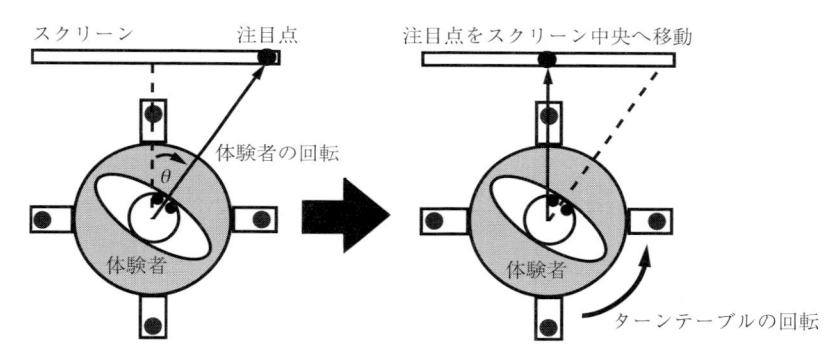

図 6.4 体験者自身の回転をターンテーブルの回転で打ち消す様子[2]
（copyright©2004 IEICE）

理論的にはどのようなサイズのスクリーンにでも応用可能な技術であるが，スクリーンの大きさが十分でない場合には，頻繁に体験者を回転させることになり，安定した制御が困難になる場合も考えられる．そのため，D-visionのようにある程度の大きさをもったスクリーンとの組合せが有効であると予想される．うまく機能させることができれば，これまできわめて大規模な仕組みを必要とした体験者の全周囲への映像投影と同じ効果を，コンパクトなスクリーン装置で実現することが可能となるため，今後のさらなる発展が期待される技術であるといえる．

6.1.2 等身大力覚提示装置 SPIDAR-H

等身大で表示されるリアルな仮想物体を前にすると，その物体を直接触ってみたいと思うのが自然な要求である．その要求に応えるためには，等身大環境で

機能する力覚提示装置の導入が必須となる。従来VRにおいておもに利用されてきた力覚提示装置はメカニカルリンク機構に基づくものであった[3]。機械式のものは精度の高い力覚提示が可能であったが，等身大空間で利用できるような大型のものは，その質量から操作性が悪化し，また装置自体が提示映像の妨げになってしまうなどといった問題から，没入型ディスプレイと組み合わせて用いることは困難であるといわれてきた。

そこでわれわれは，糸を使ってモータのトルクを指に伝えることで力覚提示を実現する力覚提示装置SPIDAR[4]を等身大サイズに拡張したSPIDAR-H[5]の導入を行っている。糸は非常に細いため，映像提示の妨げになることは少ない。また，糸を延長することで等身大サイズでの利用も容易に可能となる。安全性という面でも，糸を使うことが大きくこれに貢献している。機械式のリンク機構は，大型化すると視界を妨げるだけではなく，利用者との物理的接触による危険を回避する必要が生じる。その点，糸による力の伝達は高い安全性を提供することができる。

SPIDAR-Hの基本的構成を図6.5に示す。SPIDAR-Hは一つのグリップに対して四つのモータが接続されており，並進3自由度の出力が可能である。モータの数を増やすことにより，さらに回転3自由度の出力も可能になる。没

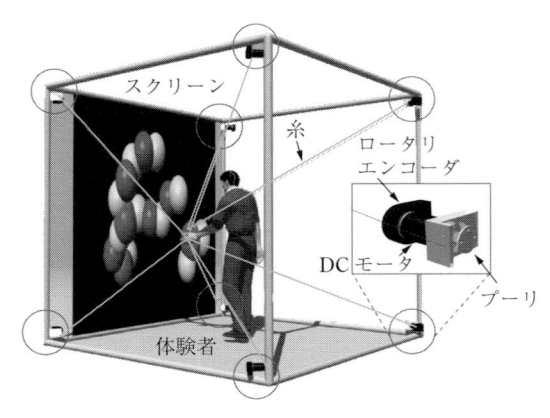

図6.5 SPIDAR-Hの基本構成[5]
(copyright©2005 IEICE)

入型スクリーンの周囲フレームを利用して体験者を取り囲むようにモータを配置することで，仮想環境と一体化した状態で仮想物体を直接操作することができる。

　等身大仮想環境では両手での直感的操作が求められるため，並進3自由度を実現するグリップを左右用意する必要があり，そのため計8個のモータユニットの取付けが必要となる。図6.5では，体験者の正面に配置したスクリーンを取り囲む立方体形状のフレームの各コーナにモータユニットを配置している。このフレームは，例えばCAVE型ディスプレイであればスクリーンのフレームがそのまま利用できる。一般的なCAVEでは正面，左右，床面の計4面に映像提示を行うものが多いため，上側のフレームや体験者の後ろ側のフレームへの取付けは比較的容易に行える。しかし，体験者前面下側のフレームコーナは，ちょうど正面スクリーンと床面スクリーン，右または左面スクリーンの三つが接合している部分であり，このような箇所ではスクリーン上に糸の通る大きさの穴を確保する必要がある。

　われわれは，前述のD-vision内にSPIDAR-Hを実装し，これを等身大インタラクション用のインタフェースとして活用している。SPIDAR-Hを実際にD-visionに組み込んだ様子を**図6.6**に示す。8個のモータを前方4個と後方4個に分け，まず前方分に関してはスクリーンに穴をあけ，その後ろにモータを配置している。D-visionのスクリーンはFRP製であるため，糸を通す程度の穴をあけても十分な強度を確保することができる。後方に配置する分のモータは，プロジェクタ取付け用のフレームを利用して取り付けている。片手に四つの糸を割り当て，中指に巻き付く形のグリップに力を伝える構成をとっている。このグリップは，利用するアプリケーションによって最適な形状を検討することが望ましく，後述するようなバーチャルヒューマンとのキャッチボールでは，中指から小指までの4本を挟み込むような形状のグリップを用いることで，すべての指に力を伝達可能にしている。

　モータは，カメラ取付け用マウントを利用して床やフレームに固定している。エンコーダ付きモータによってモータからグリップまでの距離を測定し，

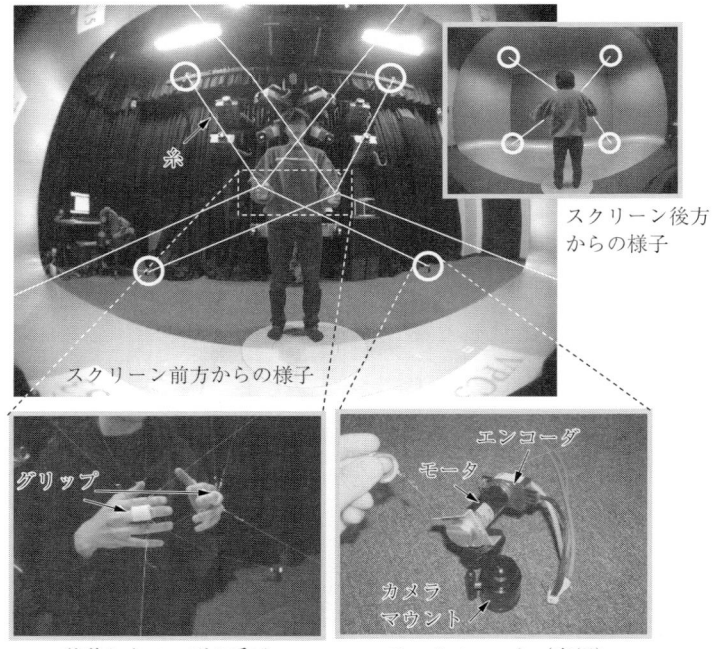

166   6. 画像との等身大対話環境の実現

図 6.6 D-vision への SPIDAR-H の取付け[5]
(copyright©2005 IEICE)

その情報からグリップの三次元位置を算出している。約 1 m³ の有効操作範囲において誤差 ±1.5 cm 程度を実現している。出力はモータの大きさしだいであるが，安全性を考慮して現在最大 30 N 程度としている。

この SPIDAR-H を等身大映像空間に組み込むことで，目の前に迫って提示されるリアルな立体映像を，体験者は自らの両手で触って体験することが可能になる。実世界では，目の前のものに触れることがあたり前であり，このあたり前のことを再現し続けていくことが，VR における没入感を実現するために重要である。実空間であたり前のことが再現できないと，いくら高品質な三次元映像を提示したとしても VR 技術としては不完全・不十分であると判断されてしまう場合もある。三次元映像技術の応用はすでに現実と比較される水準まで達しており，単独でそれを極めることは困難な位置まできているという例

である．

6.1.3 光学式三次元モーショントラッカ

より複雑な三次元物体とのインタラクションを行おうとすると，SPIDAR-Hで入力可能な手先の位置情報だけではなく，体験者の動作そのものを入力可能なインタフェースが求められるようになる．そのためには，モーションキャプチャに代表されるように，計測対象となる体験者の身体に多数のセンサやデバイスを取り付ける方法が用いられてきた．

しかし，十分な動作時間を確保できるだけの電力供給が困難なことからセンサ系には有線式のものが多く，体験者が自由に動き回ることができる没入型ディスプレイのメリットを低減させてしまうことが問題となってきた．そのため，近年ではカメラを用いて簡単なマーカをつけた体験者を撮影し，その撮影画像からマーカの三次元位置を算出することで，求めたい身体の部位の動きを検出するシステムが用いられるようになってきている．これは，ヘッドトラッキングなどの視点位置計測を行うための赤外線反射マーカを用いた位置計測装置や光学式モーションキャプチャと基本的な原理は同じものとなる．

われわれは，D-visionにおいて6台のカメラを用いた三次元モーショントラッカシステムを導入している．これは，体験者の身体に反射マーカを取り付け，複数台のカメラによって撮影した映像からマーカの三次元座標を算出するものである．

没入型ディスプレイでまず問題になるのがカメラの取付け位置である．基本的には周囲をスクリーンで取り囲んでいるため，カメラを取り付ける余地が残されていない場合が多い．D-visionでは，幸いにもスクリーンに穴をあけることが可能であるのだが，体験者の視野の中心に近い位置にカメラ用の穴を設けることによって没入感を損ねてしまう可能性があるため，スクリーン側にはカメラを配置せず，体験者の背後および左右側面を利用した取付けを行っている．

各マーカの三次元座標を求めるためには，一つのマーカに対して3台のカメ

ラからの撮影画像が必要になる．そのため，身体の右半分を撮影するためのカメラを，体験者の右後ろ側のプロジェクタフレームに2台と，スクリーンの右脇フレームに1台取り付けている．左側のマーカを撮影するカメラについても，右側と同様な割当てで3台配置している．

このシステムにより，マーカをカメラから隠れないようにうまく配置することで，約30点の三次元位置情報を1秒間に60回計測することができる．完全なモーションキャプチャを実現するためには若干不十分であるが，今後のPCの高速化により十分な発展性が期待されるシステムである．

6.2 等身大三次元映像生成のためのソフトウェア技術

6.1節で述べてきたように，デバイス技術の発達と普及によって没入型ディスプレイは非常に現実的なシステムとして位置づけられるようになりつつある．オフィスにある数台のPCとプロジェクタをつなぎ合わせただけで，簡易な没入型ディスプレイを容易に作り上げることができる．高価な超ハイエンド装置をそろえる必要があった20世紀の状況とは大きく様変わりしていることに驚かされる．

これらの進化したハードウェアを活用するために欠かせないソフトウェアに関しても同様に，最新の没入型ディスプレイを制御するのに適した進化が求められており，CAVEが誕生したころから，複数のCPUまたは複数のコンピュータを用いて一つの連続した三次元シーンを映像化することが求められるようになった．それは，一般的なVRアプリケーションに対する要求にはみられないものであった．ただでさえ特殊な存在であるVRアプリケーションを，さらに特殊な没入型ディスプレイに対応させることは，追加的なコストを考えてみても大きな負担となって開発者およびその利用者にのしかかってくることは明白であった．そのため，複数台のPCを組み合わせてVR環境を実現するアプリケーションや，その開発を支援するさまざまな環境が提案されてきた．

しかしその多くは，VRが研究段階の技術であったことにも大きく影響さ

れ，プログラミングを前提とした開発環境という形での提供が主流となっていた。近年では，没入型ディスプレイがより導入しやすくなった状況を反映して，極力開発者の負担を軽減する形で，没入型ディスプレイに対応するアプリケーションを実現するアプローチが強く求められている。

本節では，以上のような状況をふまえ，これまでに提案させてきた代表的なソフトウェア技術を紹介する。

6.2.1 没入型ディスプレイ用ソフトウェアに求められる機能

PCクラスタなどの複数のPCによって映像が生成される没入型ディスプレイ上で動作するアプリケーションに求められる基本的な機能としては，つぎの三つがあげられる。

① 共有される三次元シーンをすべてのPC上で同一に保つこと
② 異なるPCからの出力映像がスクリーン上でつなぎ目なくつながること
③ 各PCの映像更新タイミングを一致させること

まず，PCクラスタなどのPCを並列化した環境では，複数のCPUとそれに付随するメモリ空間が存在する分散型並列システムとなる。そのため，各PC上の独立した空間においてアプリケーションプロセスが実行されることになる。システム全体としては一つの三次元シーンを可視化することが求められるため，各PC上に独立して存在する三次元シーンを同一的に管理する必要がある。例えば，あるPC上の三次元シーンにおいて建物のドアが開いた場合には，ほかのすべてのPC上で管理されている三次元シーンにおいても同じようにドアが開かなければならない。

そしてつぎに，上記のように同一的に管理された三次元シーンを可視化する場合には，それぞれのPCが割り当てられた描画領域に適した視点位置からの映像生成が求められる。没入型ディスプレイでは，複数のPCからの映像出力を並べて提示することで広域な映像提示領域を実現しているものが多い。そのため，それぞれのPCは割り当てられた描画領域をもっており，その領域を満たす適切な映像生成を行うことが求められる。例えば，CAVEのように箱形

のスクリーン構成をしたシステムであれば，ある PC は正面スクリーン用の映像を生成し，ある PC は右側スクリーン，またある PC は床面スクリーン用の映像を生成することになる．この際，実際の観察者の視点位置に基づき，それぞれのスクリーンに対応する視野領域の映像を生成するための視体積を算出してレンダリングを行う．

　最後に，各 PC からの映像出力結果がスクリーン上で更新されるタイミングを一致させることが求められる．三次元シーンを同一的に管理することで，各 PC が同じ時間を共有し，同じタイミングで三次元シーンのレンダリング処理を行うことが可能となる．しかし，視点パラメータが異なるため，各 PC が行う実際のレンダリング処理は，それぞれの PC においてその負荷が異なってくる．現在の PC では，3D 描画処理の大半はビデオアクセラレータ上の GPU によって処理されるため，プログラム側で描画命令を発行した後は，いつ描画処理が完了して映像として出力されるのかを直接的に知ることはできない．そのため，レンダリング終了後にすぐさまつぎのフレームを生成していく方式では，レンダリング負荷の軽かった PC が担当する領域は早く，また逆に処理が重かった PC の担当する領域は遅く映像が更新されることになる．これは，没入型ディスプレイのスクリーンが有する一様性を大きく阻害する要因となる．そのため，各 PC におけるレンダリングの進行状況を把握し，すべての処理が終了した時点で出力映像への反映を一斉に行う処理が必要となる．すなわちこれは，映像出力タイミングに関する同期処理であるといえる．このような処理は一般的に SwapLock と呼ばれ，古くはハードウェアによってこれをサポートする専用 GWS も存在したほど重要な機能である．

　以上の三つの基本機能を，すでに単一の PC 上で実現されている VR アプリケーションに加えることで，没入型ディスプレイ上で動作させることが可能になる．これらの機能を図 6.7 に例示する．没入型ディスプレイ黎明期においては，これらの機能をアプリケーションごとにプログラマが独自に実装することが求められていた．各 PC 間において等しく参照可能な共有メモリをソフトウェアまたはハードウェアによって実現したり，ネットワーク上で共有可能な

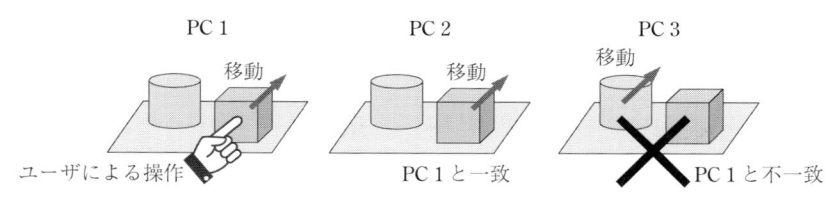

6.2 等身大三次元映像生成のためのソフトウェア技術

（a） PC間での三次元シーンの同一性

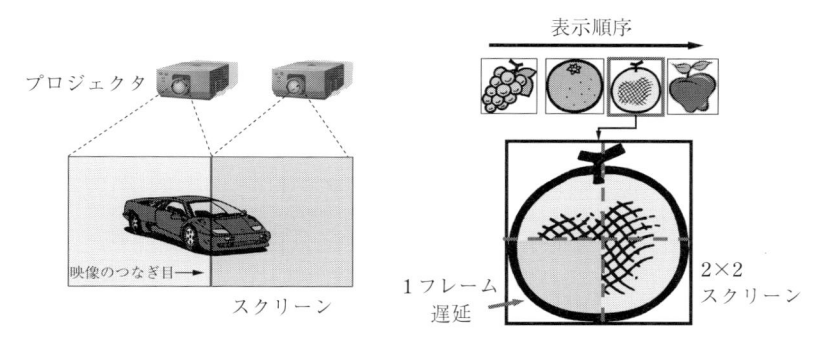

（b） 出力映像のシームレスな連続性　　（c） 同期した映像更新タイミング

図 6.7　没入型ディスプレイ用ソフトウェアに求められる三つの基本機能

SceneGraph[6]を導入したりすることで，図6.7（a）を満たす努力が行われた。図（b）の実現は比較的容易であり，各PCにおいてそれぞれ個別の視点パラメータの設定を行うことで対応が可能であった。しかし，PCの台数が増え，より複雑なスクリーン構成が登場するにつれ，その設定をアプリケーションごとに個別に行うことがしだいに困難になっていった。図（c）に関しては，早い時期から100 Mbpsを実現可能なEthernetが普及していたおかげで，数10フレーム毎秒程度のVR用映像生成では問題にならない程度の通信速度によって同期処理が実現されてきた。特にPCクラスタのような閉じた環境ではUDPによるブロードキャストが有効に機能し，複数のPC間で高速なコミュニケーションを実現することができた。

このように，アプリケーション開発者がそのアプリケーションのソースコードに手を入れて没入型ディスプレイへの対応を実現することは不可能ではない。しかし，アプリケーションごとに同様の作業を行っていくことは非効率的

であり，またシステム規模によっては容易に対応が行えない場合も予想される．特にネットワークを使っての同期処理や情報共有が行われるため，限られた通信帯域を効率的に利用しない限り，それがアプリケーション全体の実行性能におけるボトルネックとなってしまう可能性が十分に考えられる．没入型ディスプレイが，専門家のためだけの装置からより幅広い分野で応用されるような装置へと発展していくためには，アプリケーション開発にかかるさまざまなコストを低減することが重要な課題の一つであるといえる．

6.2.2 没入型ディスプレイを意識させないソフトウェア開発環境

以上のような，没入型ディスプレイ用のアプリケーション開発に関する諸々の課題を考慮して提案されてきた開発環境の一つとして，CAVEシステムとともに開発されてきたCAVELibが広く知られている[7]．

CAVEが当初プラットフォームとして選択した専用GWSは，複数のCPUとビデオ表示ユニットを搭載した共有メモリ型並列システムであったため，これら複数のデバイスを単一のアプリケーションから扱いやすく抽象化することが試みられた．一般的に，CPUやビデオ表示ユニットが複数存在する場合，その初期化から管理まですべて開発者に一任される．これらを管理しやすく抽象化することで，特殊なGWSを用いるというハンディを払拭することに成功している．また，共有メモリ型並列システムの特徴である，CPU間での高速な共有メモリを活用して，描画処理の効率的な並列化手法なども提供された．その他，VR空間の構築に欠かせないサウンド機能や各種入力デバイスのサポートを実現した．CAVE特有の視点パラメータに関しても，事前に簡単な定義ファイルを作成することで，容易にこれに対応することが可能となった．

これらの機能は開発者用のライブラリとして提供され，CAVELibを前提としたフレームワークを拡張することで，複数のCPUリソースを扱う並列処理などに直接触れることなく，従来のアプリケーション開発と同様の手順で没入型ディスプレイ用のアプリケーション開発を行うことができた．

さらに近年のPCクラスタ主導の没入型ディスプレイの登場に伴い，オープ

ンソースで開発されているライブラリも増加した。なかでも VR Juggler[8] は非常に多くの機能をもち，また CAVELib 開発当初のスタッフの流れを汲むライブラリであり，CAVELib 互換モードやドキュメントの充実ぶりなど特筆する点が多い。近年では PC クラスタを積極的にサポートし[9]，ネットワークを介してのシーンの一元管理や，PC ごとの異なった視点パラメータを容易に扱う機能などが与えられている。

このような開発環境を利用することで，ライブラリとして提供されたモジュールを呼び出すだけで没入型ディスプレイ特有の機能を簡単に利用することが可能になる。これらの開発環境の最適化も進んでおり，十分なパフォーマンスを期待することも可能になっている。しかし，このような開発環境の最大の欠点をあえてあげるとするならば，開発を前提としなければ利用できない点があげられる。世の中にはすでに大量のアプリケーションが存在しており，それらを没入型ディスプレイで活用するためには，既存のアプリケーションをソースコードレベルで修正していく必要がある。このような状況は，没入型ディスプレイのさらなる普及を妨げる要因になりかねないと考えられる。

6.2.3 既存のアプリケーションを直接利用する方法

近年，従来の開発環境とは異なり，既存のアプリケーションを没入型ディスプレイに直接対応させる手法が提案されるようになってきた。その代表的なシステムが WireGL[10] およびその後継システムである Chromium[11] である。最大の特徴は，API で提供される OpenGL に着目し，この API と互換性のある動的リンクライブラリを提供することで，既存アプリケーションが OpenGL API を介して行っている描画処理に並列分散描画機能を付加している。

Chromium はネットワーク上でクライアントサーバモデルを採用している。アプリケーションが実際に実行される PC をクライアントとし，没入型ディスプレイに割り当てられた PC クラスタのノード群がレンダリングサーバとなる構成である。OpenGL API を介して発行された描画命令は，Chromium によっていったん横取りされ，そこからレンダリングサーバ群へとネットワークを

介して送信される。送信される際，データ通信量削減のためOpenGLの各命令はコード化されて送られる。また，ディスプレイリストなどはサーバ側にキャッシュされることで高速な描画処理に貢献している。

WireGLおよびChromiumを用いた環境では，アプリケーションは通常とまったく変わらずにOpenGL APIを利用しているため，特別な修正を必要としないところが最大の特徴となる。しかし，OpenGLコマンドがネットワークを通して送受信されるため，大規模なアプリケーションになるほど高速なネットワークが必要となる（図6.8）。

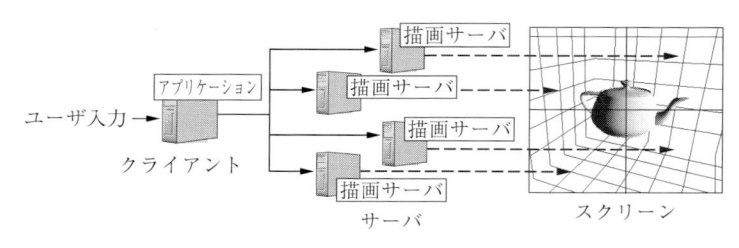

図6.8 Chromiumのクライアントサーバモデル[12]
（copyright©2006 IEICE）

D-visionでも，WireGLおよびChromiumと同様に，既存のアプリケーションを修正することなくそのまま没入型ディスプレイ上で動作可能にする手法[13]を導入している。この手法では，ネットワーク帯域が並列・分散処理のボトルネックとなることを防ぐために，通信量を抑えることができるマスタスレーブモデルを採用している。すなわち，描画を行うすべてのノードで同じアプリケーションを実行し，ネットワークを介して各ノードの実行状況にずれが生じないように同期処理を行いながら描画を進めていく方式を用いている。

一般的なマスタスレーブモデルを用いたシステムでは，同期処理を実現するために，並列・分散環境に特化した作業，すなわちアプリケーション開発時においてプログラマが特定のコードを組み込むことが要求されてきた。しかし，同期に必要な処理をアプリケーション自体に組み込むのではなく，実行環境の側が適応的に同期処理を呼び出すような仕組みを実現することができれば，こ

のようなアプリケーション開発時のオーバヘッドを削減することができ，また，ソースコードが提供されないアプリケーションに対しても PC クラスタ環境において実行可能となる．

D-vision で用いている手法では，実行環境の側が適応的に同期処理を呼び出す仕組みを実現するために，WireGL や Chromium と同様にアプリケーションと実行環境とのインタフェースである API に着目している．アプリケーションは，API を通してウィンドウ管理やシステムイベントの取得，入出力処理，描画処理といった実行環境の機能にアクセスする．アプリケーションが API を呼び出すと，処理はアプリケーション内のルーチンから，API 呼出しによって実行されるライブラリ内のルーチンへと移る．このような重要な機能をもつ API は，アプリケーションの実行時に動的にリンクされる形式で提供されていることが多い．そのため，API によって呼び出されるライブラリを置き換えたり，アプリケーションが参照するメモリ上のアドレスを変更したりすることによって，本来の API の処理に代わって任意の処理を実行することが可能である（図 6.9）．

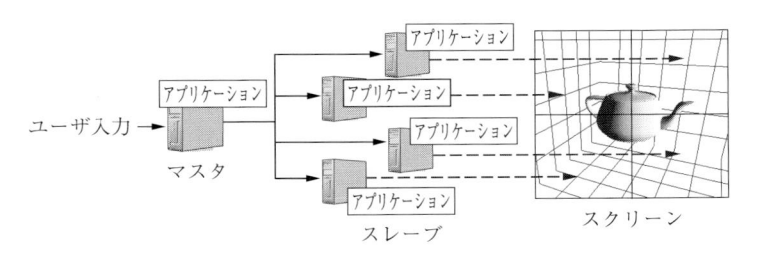

図 6.9 D-vision におけるマスタスレーブモデル[12]
（copyright©2006 IEICE）

具体的には，アプリケーションが API を動的に読み込む際に参照するインポートテーブルの値を変更することによってこのような介入処理を行い，同期処理を含めた PC クラスタ環境に対応するための処理を実現する．このシステムでは，アプリケーションの API 呼出しに対して介入し処理を行うソフトウェアを"API アダプタ"と呼んでおり，この API アダプタを既存アプリケー

ションに作用させることで，ユーザによる意図的な修正作業を必要とせずに，PCクラスタを利用した並列映像生成環境に適応させることが可能となる（**図 6.10**）。

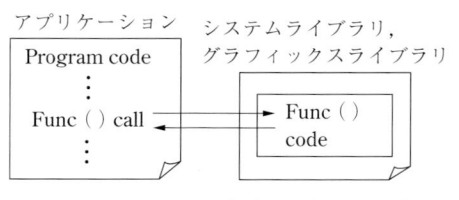

図 6.10 APIアダプタの動作[12]
（copyright©2006 IEICE）

(a) 通常のAPI呼出し

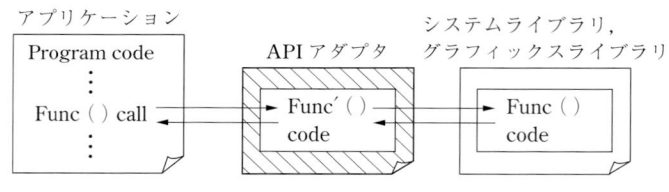

(b) API呼出しへの介入

各ノードには，同一のアプリケーションとAPIアダプタが事前に配置され，一斉に実行される。実行後は，APIアダプタによってマスタノードからスレーブノードへとネットワークを介して必要なデータが配信され，各ノード上のアプリケーションは相互に同期をとりながら動作する（**図 6.11**）。

APIアダプタによる介入処理について少し述べておく。一般にアプリケーションの状態は，ユーザからの入力やファイル入出力，システムイベントの取得といった実行環境とのやり取りによって一意に決定される。これらの実行環境とのやり取りはAPIを介して行われるため，アプリケーションの実行状態に影響を与えるAPI呼出しのタイミングとその結果を各ノード間で同期させることで，アプリケーションの状態も一致すると考えられる。

例えば，同期をとらずにPCクラスタの各ノードで同一のアプリケーションを同時に実行した場合，APIを呼び出したときの返値がノードごとに異なる

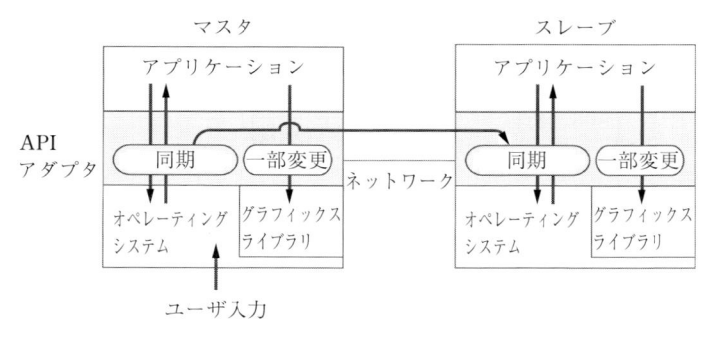

6.2 等身大三次元映像生成のためのソフトウェア技術

図 6.11 APIアダプタを用いたシステム構成[12]
(copyright©2006 IEICE)

可能性がある．ミリ秒精度のシステム時間や高分解能タイマの値を取得するAPIの返値などは，呼び出されるタイミングによって差異が生じる．また，発生したシステムイベントがキューに投入される順序やタイミングは必ずしも一意ではないため，イベントにより駆動されるルーチンの実行結果も一意に定まらない．それゆえ，PCクラスタの各ノードで同じアプリケーションを同時に実行したとしても，各アプリケーションの状態遷移に差異が生じ，描画内容にずれが発生してしまう（**図 6.12**）．

一方，提案システムでは，APIアダプタによってノードごとに差異が生じ

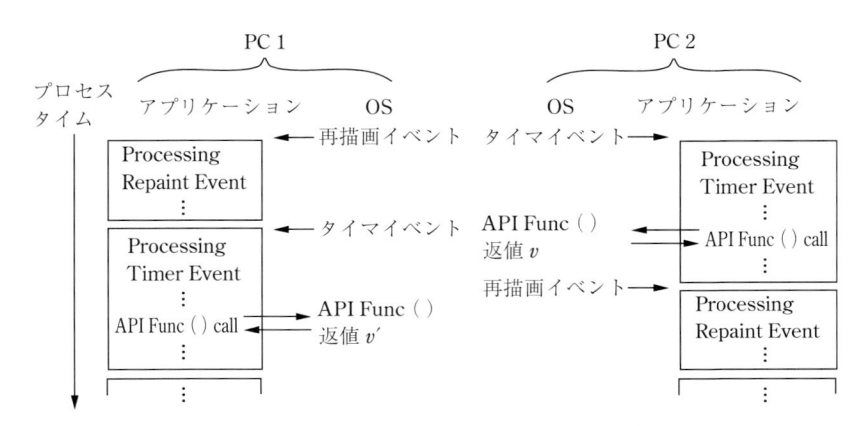

図 6.12 同期処理を行わない場合のプロセス実行状況[12]
(copyright©2006 IEICE)

6. 画像との等身大対話環境の実現

る可能性のある API の返値やシステムイベントをマスタノードからスレーブノードへと配信して同期をとることで，アプリケーションの状態を一致させることができる（図 6.13）。

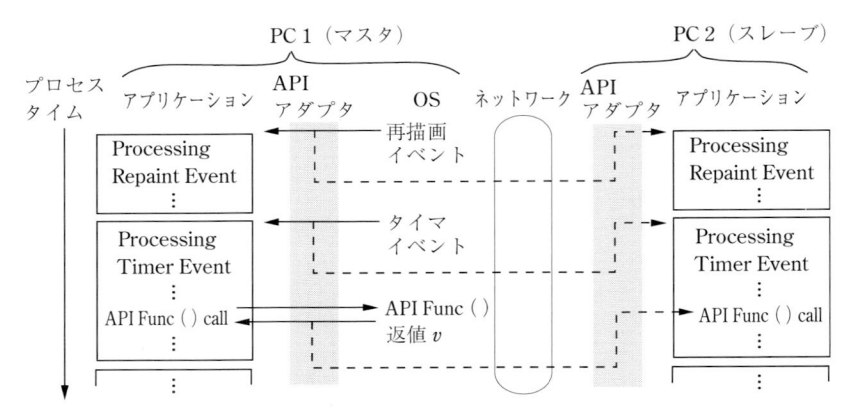

図 6.13 同期処理を行った場合のプロセス実行状況[12]
（copyright©2006 IEICE）

また，PC クラスタ上で動作する各アプリケーションの実行状況には影響を与えないが，映像を体験する利用者にとってスクリーン上で映像が一つの連続映像として提示されることが重要である．例えば，同一のプロセスが PC クラスタの各ノード上で実行されている場合，実行状況はすべての PC において同期処理されている状態においても，映像だけは各 PC およびプロジェクタが割り当てられている領域に対応したカメラパラメータによって生成されなければ，スクリーン上で一つの連続した仮想世界を提示することはできない．また，ある PC が担当する描画領域のみ映像の更新が遅れてしまうと，その部分が目立ってしまい，スクリーンが一つの世界を表現しているという連続性を大きく損ねる結果となる．

そこで，このようなスクリーン構成に応じた視点パラメータの設定や，先に述べた SwapLock に代表されるような描画後の映像更新タイミングの同期処理に関しても，API の呼出し機構に介入してその内容を改変したり同期処理を追加したりすることで実現することができる（図 6.14）。

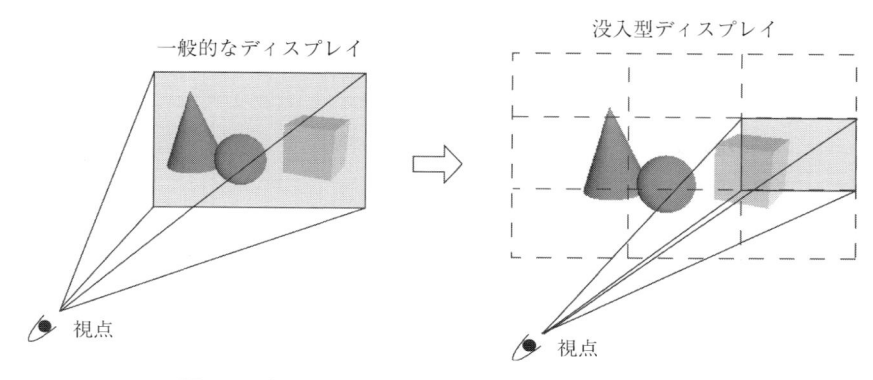

図 6.14 没入型ディスプレイのための描画領域の分割[12]
（copyright©2006 IEICE）

以上の技術によって，デスクトップ上で動作しているアプリケーションを，修正することなくそのまま没入型ディスプレイで動作させている様子を**図 6.15**に示す．図（a）に示すように，普通のノートPC上で動作する3DアプリケーションにAPIアダプタを適用することで，図（b）に示すように，24台のPCとプロジェクタで構成されるD-visionの大画面上で実行される．図（c）のように体験者と比較すると，その大きさがよくわかる．

しかし，この手法も万能というわけではない．APIを利用しないで実行状態に影響を与えるような処理には対応できない．例えば，スレッド間で共有したメモリの書換えなどは，APIアダプタでは対応できない．このような部分に関しては，さらなる検討が必要であるといえる．

三次元映像を生成するアルゴリズムはすでに確立されているといってもよいが，それを人間に提示するためにはさらなる技術が必要となる．本節において紹介したように，日々進化を続けるハードウェアを支えるソフトウェアに関しても，高性能化や開発者のサポート，さらには従来のソフトウェア資産を継承可能な枠組みの提案など，多岐にわたって進化を続けている．ソフトウェアとハードウェアの協調的な進化が，三次元映像をより身近な存在として普及させていくことに大きく貢献すると期待している．

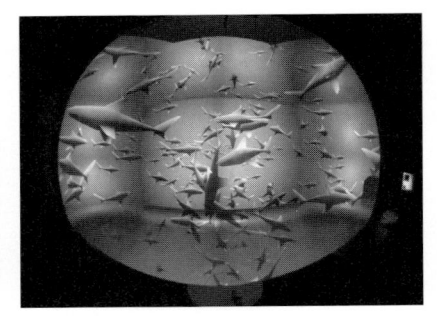

180   6. 画像との等身大対話環境の実現

(a)

(b)

(c)[5]　(copyright©2005 IEICE)

図 6.15　ノート PC で動作しているアプリケーションをそのまま没入型ディスプレイで動作させた様子

6.3　D-vision の応用事例

本節では，これまでに紹介してきた最新の立体映像技術を投入した没入型ディスプレイ D-vision を実際に使用した応用例を紹介する．

6.3.1　視覚と力覚で対話可能なリアクティブバーチャルヒューマン

没入型仮想環境において，自らの足で歩行し，仮想物体を直接触ってインタラクションできるようになると，そのインタラクションによって仮想環境内に生じる変化の質に関しても大きな関心が寄せられるようになる．例えば，VR

環境内においてボールを遠くへ投げる場合，投げられたボールは物理法則に従って放物線軌道を描いて飛んでいき，やがて地面に落下する．もし，ボールが落下せずに飛び続けたり，現実世界とは異なったような落下挙動を示したりすると，体験者はその違和感を敏感に感じとってしまう．そのため，インタラクションを含んだ仮想環境の中では，その中の物体が物理法則に従って正しく運動するための物理シミュレータが盛んに研究されている．

等身大仮想環境に登場する人間を模したキャラクタ（バーチャルヒューマン）に関しても同様のことがいえる．デスクトップ環境において開発されたバーチャルヒューマンが，映像の品質やその動作に関してまるで実際の人間のようであると高く評価されていても，それを等身大環境で提示してみると，これまで感じられなかったような不自然さを強く感じる人が少なくない．等身大で提示されるバーチャルヒューマンに向き合ったときには，実在する人間に限りなく近い観察眼をもって接するためであると考えられる．したがって，等身大仮想環境に登場するバーチャルヒューマンには，これまで以上に自然な動きが求められ，かつ，実在する人間である利用者とのインタラクションに対しても自然な反応を示すことが目標となっている．

そこでD-visionでは，このような自然な振舞いとインタラクションを可能にするバーチャルヒューマンをリアクティブバーチャルヒューマンと呼び，モーションキャプチャによって得られた人間の動作データベースに基づいて自然な動作を実現するとともに，各種インタフェースを介して実在の人間とのインタラクションを可能にしている[14]（図 6.16）．

モーションキャプチャから得られた動作データを用いる方法では，人間の動きを直接的に計測することが大きな特徴といえる．モーションキャプチャには磁気式・光学式・機械式などの種類があり，その計測範囲や計測精度，コストなどにおいてさまざまなものが利用可能になっている．モーションキャプチャを用いて取得した大量の動作データをデータベースに蓄積し，動作に付随するインデックス情報を合わせて保存しておくことで，インタラクションの結果として必要となるモーションデータをリアルタイムに検索して，そこから得られ

182   6. 画像との等身大対話環境の実現

図 **6.16**　D-vision 内に構築されたリアクティブ
バーチャルヒューマン

る自然な動きデータをバーチャルヒューマンに与えることができる。

このようなモーションキャプチャを用いた手法の最大の特徴は，人間の実際の動作から得られたモーションデータを使ってバーチャルヒューマンを駆動することであり，動力学計算などから得られた運動データとはひと味もふた味も違った，より自然で人間らしい動きを実現することができる。しかしその反面，事前に計測されていない動作を再現することはできないため，必要十分な動きを集めた動作データをあらかじめ構築しておくことが求められる。また，獲得済みの動作データを滑らかにつなぎ合わせ，新しい動作データを構築する試みも盛んに行われている。

図 **6.17** に，実際の人間とバスケットボールを投げ合う動作が可能なバーチャルヒューマンの実装例を示す。このシステムは D-vision 上で動作していることから，投げるボールや対峙するバーチャルヒューマンはすべて等身大表示

図6.17 モーションキャプチャベースのバーチャルヒューマン[5]
(copyright©2005 IEICE)

されている．体験者がボールをつかんだり投げたりする際には，前述のSPIDAR-Hを利用して，そのボールの重さやボールをキャッチする際の力を表現することができる．また同時に，体験者の手のひらの向きを小型のジャイロセンサによって計測することで手先を巧みに使う投げ方に対応しており，投げられたボールに多様な軌道を与えることも可能になっている．

体験者がボールを投げた後のバーチャルヒューマンの反応動作に関しては，ボールの軌道を検索キーとして，実際の人間のキャッチボールシーンから事前に計測した動作データベースより適切なキャッチ動作を検索する．このデータを，D-visionを構成する24台のPC間にネットワークを介して送信することで，各PC上で動作している描画プロセスがバーチャルヒューマンの自然な動きを再現し，D-vision上に提示することができる．

等身大環境における力覚を伴ったインタラクションはきわめて没入感が高く，目の前の仮想のボールが実在するかのように動作を楽しむことができる．等身大映像表示環境と等身大でのインタラクティブ性の高いバーチャルヒューマンの組合せは，映像提示だけでは実現できない映像世界へのさらなる没入感を実現するための新しい試みの一つであるといえる．

6.3.2 多様な環境を再現可能なリアクティブモーションキャプチャ

　リアクティブモーションキャプチャでも採用していたように，近年ではバーチャルヒューマンの動作生成にモーションキャプチャが多く用いられている。もちろん，動力学計算に基づく動作生成に関する研究も引き続き盛んに行われているが，まだ多くの課題が残されているというのが現状である。そこで，現時点で実現可能な手法の一つとして，モーションキャプチャによって実在する人間の動作データを取得するというアプローチが注目されているのである。

　モーションキャプチャを用いると，これまで獲得が困難であった自然な動作データを大量に獲得することが可能になる。しかし，実際にモーションキャプチャを適切にセットアップして精度よく動作取得を行うことは容易ではなく，獲得したい動作を行うためには実際の動作に伴って必要となる物理的な環境をすべて用意する必要がある。また，動作を行う者の技量にも大きな影響を受ける。実際に，映画などではモーションキャプチャを用いた動作生成が数多く行われているが，動作に必要な広大なスタジオや大規模セット，また，それらをすべて予定どおりに機能させるための訓練などに，巨大な予算と時間がさかれているのが現状である。

　そこで D-vision では，等身大仮想環境と等身大力覚提示装置 SPIDAR-H を組み合わせたリアクティブモーションキャプチャシステムを構築している[15]。このシステムは VR 技術を用いることにより，さまざまな作業対象や環境の特性を容易に変えることができ，さらに，視覚と力覚情報を同時にユーザに与えることにより，仮想環境とインタラクションを行っている状態での動作取得が可能となる。すなわち，動作に必要な物理的な環境を，すべてバーチャルに，しかも視覚および触覚に対してインタラクション可能な状態で再現することができるのである。実際に大規模なセットを構築することなく，希望するどのような動作に関しても，それに必要な環境を没入型ディスプレイ内に用意することで計測可能にする。

　このリアクティブモーションキャプチャにおいては，力覚を介して VR 世界とインタラクションできるということが非常に重要であるといえる。実世界

で人間が行う物体や環境とのインタラクションは，接触する物体と人間との間に働く力を起点として発生する．道具を用いた作業や人間どうしのインタラクションにおいても同様に，操作対象からの反作用力に応じた動作，すなわちリアクションが発生する．

例えば，重たい物体を持ち上げる場合には，その物体の重力に耐えうるように腰を落とした姿勢をとる．リアクティブモーションキャプチャシステムは，インタラクションを行う対象を仮想物体や仮想環境として提供し，力覚提示装置を通してインタラクション可能な状態で提示することでユーザのリアクションを発生させ，これを取得するものである．リアクティブモーションキャプチャの構成を図 6.18 に示す．

このように等身大仮想環境に提示された物体やキャラクタとインタラクションを行うことで，物理的な環境を実際に用意することなく，さまざまな動作シチュエーションを用意することが可能となる．また，世界を仮想的に構築していることから，意図したとおりの変化やその繰返しが可能になる．例えば，投げられたボールをキャッチする動作を取得したい場合，意図した軌道に従ってボールを飛ばすことが可能であり，また，納得のいく動作取得が行えるまで，繰り返し同じシチュエーションを再現することができる．

リアクティブモーションキャプチャを用いて動作取得を行った結果としては，実際に動作環境を用意して従来型モーションキャプチャを用いた場合に近い動作が得られる．例えば，対象物を持ち上げた際には，SPIDAR-H を通してその重さが腕に伝わり，腰を落として力を込めている様子となって動作にはっきりと現れてくる．また，対象物の表面を触ったりする場合でも，手が物体表面上に制約され，そこに実際の物体が存在するかのような動きが可能である．もちろん，把持している対象物になにかがぶつかった場合には，その衝突から受ける力が手に伝えられ，姿勢が変化する様子が動作に反映される．

リアクティブモーションキャプチャを用いて簡単なシナリオに従った動作生成を行った例を図 6.19 に示す．図では，場面として子供と母親が登場するキッチンを想定している．そして，子供が母親に頼まれた買い物をすませ，それ

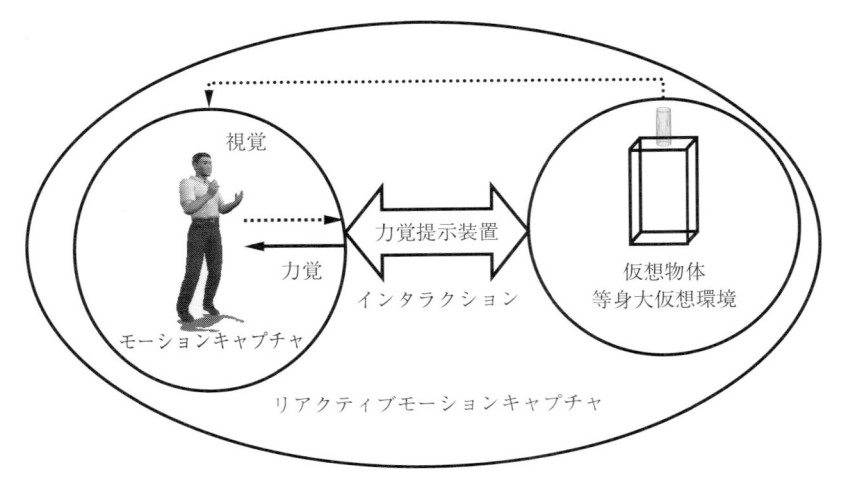

186   6. 画像との等身大対話環境の実現

(a) システム構成

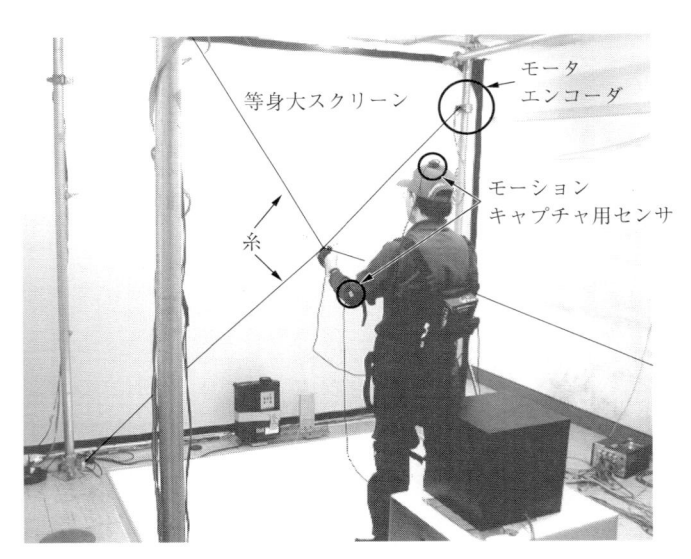

(b) 大型スクリーンとSPIDAR-Hを用いた構築例

図 6.18 リアクティブモーションキャプチャシステムの概観[15]

を母親に渡そうとしているその瞬間の出来事を再現している．まず，子供が母親に魚の入った箱を渡そうとした瞬間（図（a）），その魚をねらっていた猫が

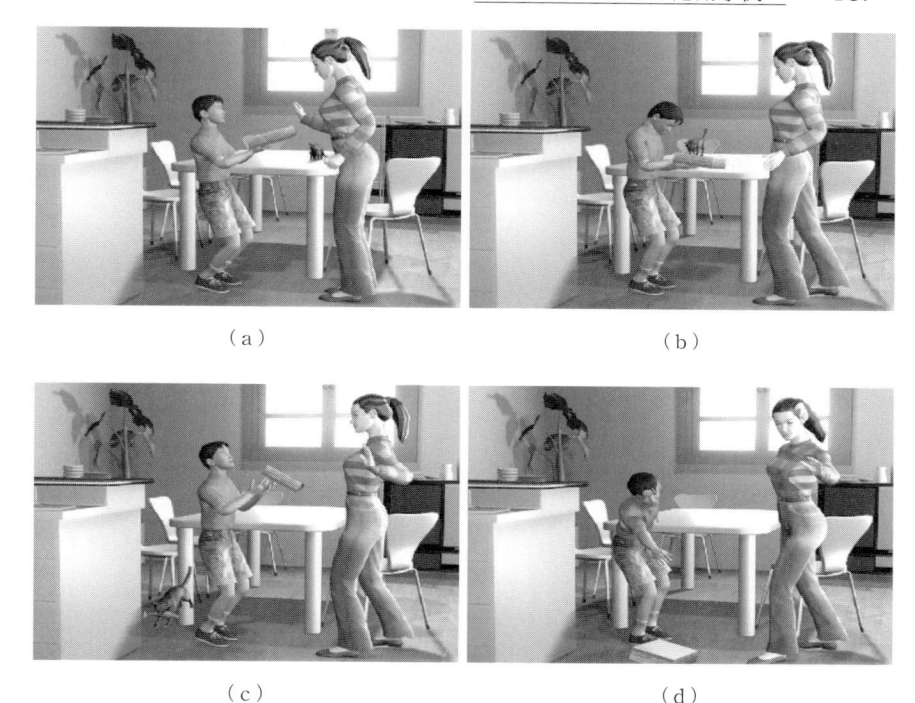

図 6.19　リアクティブモーションキャプチャによる映像制作例

箱に飛びつく（図（b））。そして，猫が中身の魚を加えて逃げ去っていくと（図（c）），子供はとっさに猫を捕まえようと手を伸ばす（図（d））。これが一連のシナリオである。

この映像には子供・母親・猫の2人と1匹が登場するが，リアクティブモーションキャプチャを用いる場合にはインタラクションをバーチャルに実現できるため，必要となる演技者は1人で十分である。図 6.19 の動作は，演技者が子供になって動作を再現している。キッチンの環境は，没入型ディスプレイによってすべて等身大表示され，まるで自分が子供になったような世界が目の前に展開される。そして，CG 映像によって再現された母親に，頼まれた箱を渡そうとする。子供の視点から見た映像世界が提示されているため，演技者の姿勢や目線は，まさに母親に箱を手渡そうとしている動作となる。子供が渡そう

とする箱は，映像的な表現に加え，さらにSPIDAR-Hによる力覚的表現も追加されるため，本物の箱を持っているときのように重さを感じながら動作を行うことが可能になる。そのため，箱の重量感もしっかりと演技者の動きに再現されてくる。

その後，猫が箱に飛び乗ったときにも，SPIDAR-Hによってバーチャルな猫の重さを表現することで，子供の自然な反応，さらには猫が飛び降りた際の反動なども適切に動作に反映することができている。このような猫の動作に付随して起こる反応動作を演技だけで再現することは困難であるため，リアクティブモーションキャプチャによる効果が大きいことがわかる。

このように，等身大仮想環境と等身大力覚提示環境を組み合わせることで，多様な動作を比較的簡単に取得可能なモーションキャプチャシステムの構築が可能となる。VR環境内において複雑な運動を行う人間の再現，といったように，動作データを大量に必要とするコンテンツは今後増加していくことが予想される。前項で紹介したリアクティブバーチャルヒューマンもその一例であり，自然な動作を実現するためには事前に大量の動作データが必要となる。またその際に，できるだけ多様なデータをそろえておくことがポイントとなる。環境を仮想的に再現するリアクティブモーションキャプチャでは，さまざまなシチュエーションを任意にかつ繰り返し再現することができるため，動作データベースの作成を効率的に進めることが可能になる。今後は，このリアクティブモーションキャプチャをリアクティブバーチャルヒューマンなどに積極的に応用していくことで，新たなインタラクティブ要素の実現を目指していきたい。

6.3.3 高視野角映像を用いた視覚心理実験

没入感の高い仮想世界を実現する手法として，体験者の周囲を映像によって取り囲むことが非常に効果的であると知られている。近年では，視野角180°以上の映像提示領域を実現する没入型ディスプレイも多く開発され，大きな注目を集めている。また，ハイビジョンを超える高解像度映像によって高い臨場

感を実現しようとしているスーパーハイビジョン[16]なども盛んに研究開発が進められている．これらのディスプレイは，その高い没入感からさまざまな分野への応用が期待されている．

しかし，これらの装置はまだまだ一般的ではなく，限られた研究者たちによってのみ利用されているのが現状である．そのため，実際に視野の180°を超える領域を覆いつくす映像によって，観察者にどのような影響が与えられるのかを定量的に検討した例は少ない．特に，視覚刺激としての動画像を自由に編集し，投影できるようになったのは近年であるため，動的な広視野映像から受ける視覚心理的な影響の分析はまだまだ不十分であるといえる．そのため，CAVEなどを代表する比較的数多く構築されている没入型ディスプレイは，このような視覚心理の解明のためのツールとして有効に機能すると考えられ，いくつかの試みが報告されている[17],[18]．

体験者が提示された映像から受ける没入感を含めた影響に関しては，体験者の心理物理学的な変化や生体反応を利用した評価が多く行われている．例えば，広視野映像から受ける臨場感効果を測定する方法として，静止映像を提示した際の画面サイズによる視覚刺激量の変化に応じた方向感覚誘導効果を，心理物理学的な評価方法を用いて定量化する試みが行われている．動画映像を利用した実験としては，各網膜部位における運動知覚量を測定し，網膜周辺部ほど，より高速な運動刺激に対しても運動知覚が生じることを報告した例もあげられる．

また，仮想環境を体験する際に，体感する脱方向感覚や視覚誘導自己運動感覚による重心動揺などは，仮想環境やそれによって作り出されるコンテンツの臨場感や没入感などを評価する際の指標として用いられている．竹田らは，没入型ディスプレイが作り出した広視野映像を評価する手法として，提示映像の回転運動に対する体験者の重心動揺を定量的に測定し，重心動揺が映像の揺れの方向に偏ることや，ロール方向の回転に対して同期しやすいことなどを報告している[17]．また，視覚誘導自己運動感覚の影響によって発生した重心動揺の測定結果より，反復回転運動する広画角の立体画像が姿勢制御と深い関係があ

ることも報告されている．さらに大西らは，床面および天井面にまで映像投影可能な5面CAVEシステムを用いて，各スクリーンを基準単位として，映像提示領域を拡大していった際の重心動揺の変化を計測している[18]．

D-visionにおいても，映像提示視野角180°を超え，さらにユーザの頭上や足下までをも含む映像提示が与える視覚心理的な影響を調べるため，5.3節中の図5.17に示したように重心動揺を指標とした評価実験を行っている[19]．

この重心動揺は，観察者が体験する映像から受ける視覚誘導自己運動感覚によって引き起こされるものである．例えば，駅で止まっている電車に乗っている際に，隣の線路に止まっている別の電車が動き出すと，自分の乗った電車がその反対方向に動き出したかのように錯覚する現象である．すなわち，D-visionに提示された映像から自分が実際に運動しているかのように錯覚し，その運動に対して反応するように自らの重心を変化させる現象であるといえる．映像から自らが前方へと加速するような刺激を受けた場合には，後ろに倒れるかもしれないと予想されることから，それを防ぐために無意識的に重心を前方に傾けるように反応する．これを計測したものが重心動揺となる．

5章の図5.17および図5.18には，D-visionを視覚刺激提示装置として用いて，重心動揺計の上に立った被験者に刺激映像を提示した際の重心動揺を計測している．映像から受ける高次な認識結果による影響を排除するため，輝度差の大きなパターン映像を内側に貼り付けた円筒形のトンネルを前後に運動させることで視覚刺激を生成している．また，映像の提示視野角による影響を考慮するため，提示映像視野角を変化させながら複数の刺激映像による反応を計測している．

D-visionにおける没入感を実際に計測してみると，5.3節でも述べたように，映像提示視野角が大きくなるにつれて，没入感を示すといわれている重心動揺が大きく観察される（図5.17および図5.18）．特に，人間の視覚特性上，100〜120°程度の領域までが運動知覚に有効であるとされ，それ以上は補助的な役割をもっているとしか表現されていない場合が多いのに対して，100°で飽和することなく180°でさらに大きな重心動揺が得られていることや，没入

型ディスプレイの特徴である天井面と床面による影響を比較した結果，下側への映像提示が没入感に対してより大きな影響を与える結果が得られることなど，興味深い結果が明らかになっている．いずれの結果も，体験者を包み込む映像提示が体験者に強い一体感を与えるのに大きな効果をもっているということを示している．

等身大映像提示環境の応用というとアプリケーション的なものが多く想像されるが，本項で述べたように，等身大映像提示環境そのものの特性を解明するための装置として利用することも可能であり，また本格的なアプリケーション応用のための基礎的な特性評価が今後さらに求められることになると考えられる．これまで人間の視野を完全に覆いつくした状態で自由な運動を被験者に許容できる環境は少なかったが，没入型ディスプレイではこれを実現できるため，新たな評価環境として期待されている．そして，等身大ディスプレイなどの大型映像提示装置に関する今後の設計指針の明確化にもつながっていくと考えられる．

6.3.4 体験者の能動的な行動を取り入れた都市環境評価システム

D-vision の映像提示能力を活かす方法として，都市環境評価システムへの応用も行っている．これは，体験者の視野を覆いつくす D-vision の広視野角特性を利用するだけではなく，ターンテーブルを用いた足踏み型移動インタフェースによって体験者が自由に移動することができる機能を活用したシステムとなっている．従来の CG を用いた都市環境評価システムでは，都市の中を移動する映像が提示され，体験者は受動的にその映像を観察するだけのシステムが多かった．しかし，それでは映像世界との一体感が乏しく，また映像から受ける影響によって引き起こされる体験者の行動を，評価に反映することは困難であった．

例えば，ビルに囲まれた繁華街を歩いていると，頭上からの圧迫感を感じ，ふと上空を見上げたりすることがある．また，商店街を歩いていると，さまざまな店舗の展示に興味を引かれ，寄り道をしながら歩みを進めることとなる．

192 6. 画像との等身大対話環境の実現

このように，景観からさまざまな影響を受けながら人間は行動しており，その影響を評価するためには D-vision が実現しているような映像世界と体験者とのインタラクティブ性が重要になってくる。

図 6.20 に，D-vision において仮想ビルの谷間を歩行するシーンを再現した様子を示す。

（a）　足踏みによる移動   （b）　仮想都市に没入した様子

図 6.20　仮想ビル群の間を歩行するシーンを再現した様子

体験者は足踏み型移動インタフェースを利用して，ビルの間にある街路を自由に進んでいくことができる。このような場合，ビルからの圧迫感を強く感じることが予想されるため，被験者には景観からの印象が変わった地点を記録するように指示している。また，歩行速度や他被験者の注目地点の情報も合わせて記録するようにしている。このようなシステムを用いることで，ビルからの圧迫感を軽減するための建築的操作として街路にアーケードを設けるなどの変更を行った際の，歩行者の感じる圧迫感の変化を評定することが可能になる。VR 環境の特徴を活かし，任意の街路を生成したり，同じ街路を繰り返し設定したり，またアーケードの形状やデザインを変更することも容易であることから，実験環境としては良好であるといえる。もちろん，実環境での実験のほうがより高い信頼性を得られるのであるが，被験者の周囲を取り囲む映像提示や自らの足を使って移動することによって刺激される体勢感覚から，D-vision においても現実空間に近い移動感覚の提示が実現されている。

図 6.21 には，体験者が移動することによって変化する景色から受ける印象

(a) 目の前にある神社に近づいていく様子 　(b) 丘の上にある神社に近づいていく様子
図 6.21　変化する景色から受ける印象を評価した様子

を評価するためのコンテンツを例示している．図（a）では，森の先に神社があり，近づいていくことによって徐々に神社が大きくなって迫ってくる様子が表現されている．図（b）では，緩やかにカーブしている坂の上に神社があり，足踏み型移動インタフェースを使って坂を上がっていくと，建物の上部から徐々にその姿が視界に入ってくる様子が再現されている．このような，自らの移動によって生じる視野の変化を再現するためには，等身大映像表示装置とのインタラクションが重要であることが容易に想像できる．建物の見え方の違いによって被験者が感じる影響を評価することで，建物自体のデザインはもちろん，そこに至る道のりの設計などまでを見直すことが可能になる．

図 6.22 では，ベンチが多数配置されている広場を再現している．このベンチには仮想の人間が着座しており，その各配置状況に応じて，被験者がどのような着座位置を選択するのかを評定している様子である．建物などの景観物と同様に，人間も任意に配置することは困難である．特に公共スペースでの評価に意味がある反面，そのような場所を占有して実験することはなかなか許可されないのが現実である．そのような設定困難なシーンこそ VR が威力を発揮する領域であり，また，前述のバーチャルヒューマン技術もあわせて活用されることで，多彩なシーンを再現することが可能になる．

本項で紹介したような都市景観評価システムは，没入型ディスプレイの特徴を素直に活用することで大きな効果を実現している．実際の環境での実験結果

図 6.22 人が点在している公共スペースでの行動評価

とVR環境を用いた実験結果を照らし合わせてみると，多くの場合，同じような傾向が示されることが確認されている．しかし，中には実環境とは異なる結果となる被験者も存在しており，その主要な原因としては，VR環境に十分没入できていなかったり，VR環境のとらえ方や評価基準が実環境のそれと大きく異なっていたりする場合が考えられる．今後はこれらの要素をきちんと分析し，評価システムの要求に対して現実環境での評価にきわめて近い感覚を体験者に提示可能なVR環境の開発が今後求められていくと予想される．

6.3.5 視覚や力覚を刺激するエンターテインメントシステム

没入型ディスプレイを前にして，これを使ってゲームを楽しみたいと思う人は少なくない．家庭用のTVゲームでも，プロジェクタを使って大画面に投影するだけで，小さなTVモニタの中とは別次元の面白さを引き出すことができる．ましてやそれが等身大の立体映像であり，自らがその世界に没入できるとしたら，きわめて高いエンターテインメント性を発揮することが可能になる．

1996年7月，現株式会社セガが東京のお台場に開設したアミューズメントパーク「東京ジョイポリス」[20]には，実際にCAVE型スクリーンを踏襲した

SEGA BOX SYSTEM が導入され，2004年3月まで現役人気アトラクションとして注目を集めていた事例がある．このシステムは，前後左右と床面の計5面に立体映像提示を可能としており，2人同時に別々の視点から立体映像を楽しむことができるシステムであった．このシステムは，同1996年7月に完成した東京工業大学・大岡山キャンパスの4面CAVEシステム[21]と並んで日本最古のCAVE型ディスプレイであるといわれている．また，商用システムとしての利用は世界的にも非常に珍しい例であった．剣を模したデバイスを振り回して仮想モンスタと戦うシーンの迫力はいまでも色あせることなく，斬新な興奮を味わうことのできるシステムであった．直接CAVEという形はとらなくとも，大型スクリーンと複数のプロジェクタの組合せによる映像提示技術は，近代のテーマパークや展示会場などでは必須の技術となって多くの成功をおさめている．

　D-vision においても，6.2節で述べた既存の3Dアプリケーションを動作させる技術を駆使することにより，デスクトップ環境で楽しむことを前提とした3Dゲームを没入型ディスプレイ上でも体験可能にする試みを行っている．VR環境で求められる高度な映像表示・物理シミュレーション・立体音響技術などの技術は近年高度化するゲームを構成するための必須技術であり，これらはゲームエンジンとして再利用可能なパッケージとして提供されている．このようにゲームで培われたゲームエンジン技術をVRに活用することは，アプリケーションの乏しい没入型ディスプレイにおける新しい流れとして注目されている[22]．われわれが提案している手法により，バイナリパッケージとして公開されているゲームエンジンの内部を修正することなく，PCクラスタ環境で駆動される没入型ディスプレイでも利用可能になり，PC用アプリケーションとして開発されてきたリソースを没入型ディスプレイ環境においてもそのまま引き継ぐことで，高度なVR環境を容易に構築することが可能となる（図6.23）．

　また，ゲームエンジンの高いカスタマイズ性を利用して，独自のコンテンツ制作にも応用することが可能である．仮想世界そのものを構築するデータを容

(a)　　　　　　　　　　　　(b)

図 6.23　D-vision 上で市販の 3 D ゲームを体験する様子

易に編集できることはもちろんのこと，ゲームエンジンのソースコードの一部が公開されていることを利用して，独自の機能拡張を行うことも可能である．

図 6.22 で示したシーンは，まずわれわれが実際に撮影したディジタルカメラ映像から実在するまちを仮想的に再現し，ゲームエンジン技術を利用して可視化および自由な空間移動を実現している．その際，足踏み型移動インタフェースや SPIDAR-H などの等身大インタフェースからの入力をキーボードやマウスの入力に変換してゲームエンジンに入力することが可能であり，適切な変換を行うことによって，従来キーボードやマウスで操作していたアプリケーションを，等身大インタフェースを介して操作することが可能になる．

図 6.24 には，等身大力覚提示装置 SPIDAR-H からの入力からユーザのジェスチャ認識を行い，その結果に反応してキャラクタが動作を行っている様子を示す．ここで示しているのは単純な反応動作であるが，これはジェスチャによる VR 環境との対話の一例であるといえる．

また，本来のゲームでは実現されていない，体験者への力覚を介したフィードバックも可能になる．すなわち，ゲームの世界を触って感じられるようにすることも可能である．等身大映像で与えられる視覚刺激に加え，SPIDAR-H を介して伝えられる新たな力覚情報は，体験者を VR 世界により深く没入させるのに大きな効果を発揮する．

没入型ディスプレイのエンターテインメント応用はまだまだ少ないのが現状

図 6.24 ゲーム内における SPIDAR-H を介した
ジェスチャインタラクション

であるが，われわれの試作結果より，大きな効果が得られることが明らかになりつつある．大型映像から視覚効果に加え，力覚を介したインタラクションは体験者を VR 世界に強烈に引き寄せ，そして取り込んでしまうだけの魅力をもっているといえる．今後はエンターテインメント分野との協力を密にすることで，より魅力的なコンテンツ実現のための応用を充実させていくことが期待される．

引用・参考文献

〔1章〕
1) 泉　武博・NHK放送技術研究所編：3次元映像の基礎，オーム社（1995）
2) 高野邦彦，南　典宏，佐藤甲葵：液晶表示装置を用いたホログラフィ3Dの小型化について，画像ラボ，**13**，1，pp.20-24（2002）
3) 3D画像関連技術論文特集，画像電子学会誌，**24**，5（1995）

〔2章〕
1) 畑田豊彦，斎田真也：奥行き知覚の要因とメカニズム，テレビジョン学会誌，**43**，8，pp.755-762（1989）
2) 都甲　潔，坂口光一 編著：感性の科学―心理と技術の融合―，朝倉書店（2006）

〔3章〕
1) 磯野春雄，安田　稔，石山邦彦：8眼式メガネなし3-D TVディスプレイシステム，三次元画像コンファレンス'93，No.2-4，pp.51-56（1993）
2) 大村克之，鉄谷信二，志和新一，岸野文郎：複数人観察可能な視点追従型レンティキュラー立体表示装置，三次元画像コンファレンス'94，No.5-7，pp.233-238（1994）
3) 坂田正弘，濱岸五郎，山下淳弘，増谷　健，中山英治：イメージスプリッター方式メガネなし3Dディスプレイ，三次元画像コンファレンス'95，No.2-3，pp.48-53（1995）
4) 三洋電機（株），三次元画像コンファレンス2000（3次元画像機器展出展紹介）
5) 松本慎也，山本裕紹，早崎芳夫，西田信夫：パララックスバリア式LED立体ディスプレイにおける観察者位置と向きのリアルタイム測定，三次元画像コンファレンス2004，No.P1-1，pp.33-36（2004）
6) 遠藤知博，梶木善裕，本田捷夫，佐藤　誠：全周型3次元動画ディスプレイ，三次元画像コンファレンス'99，No.4-4，pp.110-114（1999）
7) 大森　繁，鈴木　淳，片山国正，佐久間貞行，服部和彦：バックライト分割方式ステレオディスプレイシステム，三次元画像コンファレンス'94，No.5-5，pp.219-224（1994）
8) 岡本正昭，安東孝久，山崎幸治，志水英二：1焦点ホログラムを利用した大型

フルカラー多眼表示装置,三次元画像コンファレンス'99, No.4-2, pp.99-104 (1999)
9) 志和新一,宮里　勉：自然な焦点調節をともなうHMD立体ディスプレイ,三次元画像コンファレンス'96, No.8-1, pp.215-218 (1997)
10) 安東孝久,濱岸五郎,坂東　進,志水英二：2眼立体視型投影ディスプレイ,三次元画像コンファレンス2000, No.4-6, pp.103-106 (2000)
11) 高橋　進,戸田敏貴,岩田藤郎：グレーティングイメージを用いた立体動画像表示システム,三次元画像コンファレンス'95, No.3-1, pp.64-69 (1995)
12) 高橋　進,戸田敏貴,岩田藤郎：グレーティングを用いた3Dビデオシステムについて,テレビジョン学会技術報告, **19**, 40 (AIT-12) (1995)
13) 高橋　進,溝淵　隆,岩田藤郎：3Dビデオシステムにおける色再現,三次元画像コンファレンス'98, No.4-2, pp.111-116 (1998)
14) 阪本邦夫,上田裕昭,高橋秀也,志水英二：ホログラフィック光学素子を用いたリアルタイム3次元ディスプレイ,テレビジョン学会誌, **50**, 1, pp.118-124 (1996)
15) TAO高度立体動画像通信プロジェクト最終成果報告書 (1997.9)
16) J. Kulick, S. Kowel, T. Leslie and R. Ciliax：IC vision—a VLSI based holographic television system, SPIE Proc., N.1914-32, pp.219-229 (1993)
17) J. H. Kulick, S. T. Kowel, G. P. Nordin, A. Parker, R. Lindquist, P. Nasiatka and M. Jones：IC vision—a VLSI-based diffractive display for real-time display of holographic stereograms, SPIE Proc., N.2176-01, pp.2-11 (1994)
18) 梶木善裕,吉川　浩,本田捷夫：集束化光源列（FLA）による超多眼式立体ディスプレイ,三次元画像コンファレンス'96, No.4-4, pp.108-113 (1996)
19) 高木康博：変形2次元配置した多重テレセントリック光学系を用いた3次元ディスプレイ,映像情報メディア学会誌, **57**, 2, pp.293-300 (2003)
20) 高木康博：64眼式三次元カラーディスプレイとコンピューター合成した三次元物体の表示,三次元画像コンファレンス2002, No.5-3, pp.85-88 (2002)
21) 大塚理恵子,星野剛史：Transpost：360度立体映像ディスプレイシステム,三次元画像コンファレンス2005, No.S-2, pp.33-36 (2005)
22) 山口芳裕,村岡健一,菊池　亘,山田博昭：移動平面スクリーン式3次元ディスプレイ,三次元画像コンファレンス'94, No.5-4, pp.213-218 (1994)
23) 宮崎大介,大久保　徹,松下賢二：階段状光源アレイとミラースキャナを用いた走査型3次元ディスプレイ,三次元画像コンファレンス'96, No.4-3, pp.102-107 (1996)
24) 陶山史朗,加藤謹矢,上平員丈：高速な二周波液晶レンズによる新たな可変焦点型三次元表示方式の提案,三次元画像コンファレンス'98, No.1-2, pp.10-15 (1998)
25) 高田英明,陶山史朗,大塚作一,上平員丈,酒井重信：新方式メガネなし3次

元ディスプレイ，三次元画像コンファレンス2000，No.4-5，pp.99-102（2000）
26) 松本健志，本田捷夫：アナモルフィック光学系を用いた立体像表示，三次元画像コンファレンス'95，No.2-1，pp.36-41（1995）
27) 洗井 淳，星野春男，岡野文男，湯山一郎：屈折率分布レンズを用いたインテグラルフォトグラフィ撮像実験，3次元画像コンファレンス'98，No.3-2，pp.76-81（1998）
28) 須藤敏行，尾坂 勉，谷口尚郷：光線再現方式による3次元像再生，三次元画像コンファレンス2000，No.4-4，pp.95-98（2000）
29) 尾西朋洋，武田 勉，谷口英之，小林哲郎：光線再生法による三次元動画ディスプレイ，3次元画像コンファレンス2001，No.7-4，pp.173-176（2001）
30) 西川智子，佐藤甲癸：白色レーザを用いたカラーホログラムの特性，画像電子学会誌，**20**，1，pp.122-133（2005）
31) 佐藤甲癸：カラーホログラムの最適化，映像情報メディア学会誌，**30**，1，pp.123-148（1996）
32) 臼井良明：距離情報の検出と処理，bit増刊号，pp.711-724（1976.7）
33) 佐藤甲癸，星 和弘，藤崎文明：格子パターン投影法における特性の改善，画像工学コンファレンス'87，No.9-5，pp.177-180（1987）
34) 赤羽孝夫，榎本明浩，佐藤甲癸，竹崎重朗：カラー格子パターン投影法による立体計測，画像工学コンファレンス'90，No.7-4，pp.127-130（1990）
35) 佐藤甲癸，樋口和人，勝間ひでとし：液晶表示デバイスを用いたホログラフィテレビジョンの基礎実験，テレビジョン学会誌，**45**，7，pp.873-875（1991）
36) I. Yamaguchi and T. Zhang：Phase-shifting digital holography, Opt. Lett., **22**, pp.1268-1270（1997）
37) O. Matoba and B. Javidi：Optical retrieval of encrypted digital holograms for secure real-time display, Opt. Lett., **27**, pp.321-323（2002）
38) 藤原英人，佐藤邦弘，藤井健作，森本雅和：空間光変調位相シフトによるカラーホログラムの同時記録，三次元画像コンファレンス2006，No.P-22，pp.183-186（2006）
39) 大越孝敬：ホログラフィ，p.251，電子情報通信学会（1977）
40) P. St. Hilaire, S. A. Benton, M. Lucente, M. L. Jepsen, J. Kollin, H. Yoshikawa and J. Underkoffler：Electronic Display System for Computational Holography, SPIE Proc. N1212, pp.174-182（1990）
41) 佐藤甲癸：液晶表示デバイスを用いたキノフォームによるカラー立体動画表示，テレビジョン学会誌，**48**，10，pp.1261-1266（1994）
42) K. Maeno, N. Fukaya, O. Nishikawa, K. Sato and T. Honda：Electro-holographic Display Using 1.5 Mega Pixels LCD, SPIE Proc. N2652-03, pp.15-23（1996）

43) http://www.jvx-victor.co.jp/technology/d-ila/index.html
44) 孵山敏之：DLP投射システム，ディスプレイアンドイメージング2001, **9**, pp.79-86 (2001)
45) 原　勉：空間光変調器とその応用，信学会，動画ホログラフィ次元研究専門委員会，動画ホログラフィ研究会報，No.8, pp.16-22 (1993)
46) 高野邦彦，佐藤甲癸：光書き込み液晶空間変調器を用いた動画ホログラム，第24回画電学年大講演予稿集，pp.68-69 (1996)
47) 佐藤甲癸，高野邦彦：接眼方式ホログラフィを用いた立体テレビ，ディスプレイアンドイメージング1997, **6**, pp.13-16 (1997)
48) 高野邦彦，尾花一樹，奥村利道，金岡　功，佐藤甲癸：空中結像ホログラムによる多人数対応型カラー立体動画像表示装置の作製，三次元画像コンファレンス2003, No.P-1, pp.33-36 (2003)
49) 吉川　浩，小池友行：インタラクティブ電子ホログラフィックディスプレイシステム，ホログラフィックディスプレイ研究会第2回公募講演会 (1995)
50) 高野邦彦，南　典宏，佐藤甲癸：液晶パネルを用いた虚像再生型カラー動画ホログラフィ装置，映像情報メディア学会誌，**57**, 2, pp.287-292 (2003)
51) 秦間健司，高橋秀也，志水英二：光学ホログラムとの合成により画質改善したリアルタイム電子ホログラフィ，テレビジョン学会誌，**48**, 10, pp.1245-1252 (1994)
52) S. A. Benton, S. L. Smith, R. S. Nesbitt, W. J. Plesniak, R. S. Pappu and T. Nwodoh：Recent Holography Projects at the MIT Media Lab, 三次元画像コンファレンス99, SpecialTalk, pp.219-221 (1999)
53) 高野邦彦，佐藤甲癸，若林良二，武藤憲司，島田一雄：ネットワークストリーミング技術を利用したホログラフィ立体動画像の配信，映像情報メディア学会誌，**58**, 9, pp.1271-1279 (2004)
54) 岡　慎也，ナ・バンチャンプリム，藤井俊彰，谷本正幸：自由視点テレビのための動的光線空間の情報圧縮，三次元画像コンファレンス2004, No.5-1, pp.139-142 (2004)
55) S. Nishikawa and K. Sato：A memory of a stone hologram created with pulse laser, 芸術科学会誌，**4**, 1, pp.18-22 (2006)
56) 泉　武博・NHK放送技術研究所編：3次元映像の基礎，p.5, オーム社 (1995)
57) 谷口　実：3D市場の創出と拡大に向けた取り組み，三次元画像コンファレンス2003, No.S-2, pp.197-200 (2003)
58) 本田捷夫：「立体映像産業推進協議会」の活動について，三次元画像コンファレンス2003, No.S-4, pp.205-207 (2003)

〔4章〕

1) http://hannover.park.org/Japan/NTT/DM/html_st/ST_final_1_j.html
2) 藤原　洋：画像＆音声圧縮技術のすべて，pp.98-117，186-191，CQ出版社（2003）
3) 若宮直紀，村田正幸，宮原秀夫：プロキシ協調型動画像配信システムの検討，電子情報通信学会技術研究報告（NS 2001-159），pp.35-40（2001）
4) 吉川　浩，佐々木建光：動画ホログラフィの情報低減，画像電子学会誌，**22**，4，pp.329-336（1993）
5) Francis T. S. YU：Optical Information and Processing, pp.355-362, Wiley-InterScience（1982）
6) 高野邦彦，佐藤甲癸：ネットワークによるホログラム計算の高速化，画像電子学会誌，**28**，2，pp.126-130（1999）
7) 高度立体動画像通信プロジェクト最終成果報告書（1997）
8) P. St. Hilaire, S. A. Benton, M. Lucente, M. L. Jepsen, J Kollin, H Yoshikawa and J. Underkoffler：Electric display system computational holography, SPIE Proc., **1212**, pp.1174-1182（1990）
9) 秦間健司，高橋秀也，志水英二：光学ホログラムとの合成により画質改善したリアルタイム電子ホログラフィ，テレビジョン学会誌，**48**，10，pp.1245-1252（1994）
10) 岩瀬　進，吉川　浩：差分法に基づくフレネルホログラムの高速計算法，映像情報メディア学会誌，**52**，6，pp.899-901（1998）
11) 西川　修，岡田孝常，松本健志，吉川　浩，佐藤甲癸，本田捷夫：ホログラフィックステレオグラムの高速計算システム，三次元画像コンファレンス'97講演予稿集，pp.42-47（1997）
12) 伊藤智義，下馬場朋禄，杉江崇繁，増田信之：リアルタイム再生を可能にする並列型電子ホログラフィ専用計算機システムHORN-5，情報技術レターズ，**3**，pp.219-220（2004）
13) 中西敦士，藤井俊彰，木本伊彦，谷本正幸：EPI上の対応点軌跡を用いた適応フィルタによる光線空間データ補間，映像情報メディア学会誌，**56**，8，pp.1321-1327（2002）
14) 原島　博：知的画像符号化と知的通信，テレビジョン学会誌，**42**，6，pp.519-525（1988）
15) M. Lucente：Computational holographic bandwidth compression, IBM Systems Journal, **35**, S 3 & 4, pp.349-365（1996）
16) 吉川　浩，丹治英一郎：高効率符号化を用いたホログラフィック3次元画像の圧縮法，テレビジョン学会誌，**47**，12，pp.1678-1680（1993）
17) 佐々木建光，丹治英一郎，吉川　浩：ホログラフィック3次元画像の情報圧縮，テレビジョン学会誌，**48**，10，pp.1238-1244（1994）

18) H. Yoshikawa and J. Tamai：Horographic image compression by motion picture coding, SPIE Proceedings of Practical Holography X, pp.2-9 (1996)
19) 飯田直治，佐藤甲癸：ホログラム情報圧縮の比較検討，Proc.of 3 D image conference'96，pp.213-218 (1996)
20) 高野邦彦，佐藤甲癸，若林良二，武藤憲司，島田一雄：ネットワークスストリーミング技術を利用したホログラフィ立体動画像の配信，映像情報メディア学会誌，**58**，9，pp.1271-1279 (2004)
21) 高野邦彦，佐藤甲癸：ディジタル SSTV によるホログラフィ立体画像配信に向けたデータ圧縮，画像電子学会誌，**34**，5，pp.614-617 (2005)
22) L. H. Enloe, J. A. Murphy and CB. Rubinson：Hologram Transmission Via Television, Bell System Technical Journal, **45**, 2, pp.335-339 (1966)
23) 平凡社編：世界大百科事典 24，pp.270-271 (1988)
24) 高野邦彦，若林良二，武藤憲司，岡村悦章，野村大輔，青山浩久，秋山裕紀，鈴木 弘，島田一雄：CanSat に向けた SSTV による画像伝送，電子情報通信学会誌，**J87-B**，6，pp.905-909 (2004)
25) 高野邦彦，若林良二，岡村悦章，野村大輔，青山浩久，秋山裕紀，武藤憲司，鈴木 弘，島田一雄：SSTV を用いたホログラフィ立体画像の無線伝送法，映像情報メディア学会誌，**57**，12，pp.1770-1773 (2003)
26) 高野邦彦，若林良二，武藤憲司，島田一雄，佐藤甲癸：SSTV を用いたホログラフィック 3D-FAX システムの開発，数理科学会論文集，**6**，1，pp.9-14 (2004)
27) 佐藤甲癸，樋口和人，勝間ひでとし：液晶表示デバイスを用いたホログラフィテレビジョンの基礎実験，テレビジョン学会誌，**45**，7，pp.873-875 (1991)
28) N. Hashimoto, S. Morokawa and K. Kitamura：Real-time holography using high-resolution LCTV-SLM, Proc.SPIE, **1461**, pp.291-302 (1991)
29) 高野邦彦，佐藤甲癸：ホログラフィックな立体映像と音響データの伝送，電子情報通信学会論文誌，**J88-D-II**，7，pp.157-162 (2005)
30) T. J. Naughton, J. B. McDonald and B. Javidi：Efficient compression of Fresnel fields for Internet transmission of three-dimensional images, Appl. Opt., **42**, pp.4758-4764 (2003)
31) 赤堀 寛，関 靖夫：キノフォーム作成系における位相記録特性の推定，電子情報通信学会論文誌 C-I，**J76-C-I**，6，pp.232-239 (1993)
32) 田中賢一：GA による計算機合成ホログラムにおける最適誤差拡散の推定方法，映像情報メディア学会誌，**54**，3，pp.394-401 (2000)
33) 岩井嘉昭，中島真人：レーザ穿孔による2値ホログラムの合成，電子情報通信学会論文誌（C），**J83-C-7**，pp.617-622 (1998)
34) 田中賢一，坂本賢政，下村輝夫：シミュレーテッドアニーリングを用いた計算機合成ホログラムによるコスト関数の影響，電子情報通信学会論文誌，**J80-C-**

I, 2, pp.100-104 (1997)
35) 高野邦彦, 金子傑周, 佐藤甲癸：動画ホログラフィディスプレイの特性改善に対する実験的繰返し手法の適用, 電子情報通信学会誌, **J85-D-II**, 7, pp.1259-1264 (2002)
36) 川島正裕, 佐藤甲癸：位相符号化による動画ホログラムの特性改善, 画像電子学会誌, **24**, 5, pp.611-616 (1995)
37) R. L. Frank：Poly phase code with good nonperiodic corelation properties, IEEE Trans. Inform. Theory, **IT**-9, p.43 (1963)
38) M. R. Schroeder：Synthesis of low-peak-factor signals and binary sequences with low autocorrelation, IEEE Trans. Inform. Theory, **IT**-16, p.85 (1970)
39) N. Fukaya, K. Maeno, K. Sato and T. Honda：Improved electroholographic display using liquid crystal devices to shorten the viewing distance with both-eye observation, Opt. Eng., **35**, 6, pp.1545-1549 (1996)
40) 佐藤甲癸, 高野邦彦：接眼方式ホログラフィを用いた立体テレビ, ディスプレイアンドイメージング 1997, **6**, pp.13-16 (1997)
41) 三科智之, 山田光穂, 岡野文男：画素構造をもつ空間光変調素子による高次回折光を用いたホログラフィの視域拡大, 映像情報メディア学会誌, **55**, 5, pp.688-695 (2001)
42) 三科智之：NHKにおける電子ホログラフィの研究, 第120回情報ディスプレイ研究会資料 (2005.11.11)
43) T. Mishina, M. Okui and F. Okano：Viewing-zone enlargement method for sampled hologram that uses high-order diffraction, Appl. Opt., **41**, pp.1489-1499 (2002)
44) T. Mishina, M. Okui, K. Doi and F. Okano：Holographic display with enlarged viewing-zone using high-resolusion LC panel, Proc. of SPIE, **5005**, pp.137-144 (2003)
45) 佐藤甲癸：液晶表示デバイスを用いたキノフォームによるカラー立体動画表示, テレビジョン学会誌, **48**, 10, pp.1261-1266 (1994)
46) 高野邦彦, 佐藤甲癸：液晶パネルと白色光源を用いたカラーホログラフィ立体動画像表示装置, 映像情報メディア学会誌, **55**, 10, pp.1308-1314 (2001)
47) 高野邦彦, 佐藤甲癸：白色レーザによるカラーホログラフィ動画表示装置のボケ軽減法, 画像電子学会誌, **31**, 1, pp.37-42 (2002)
48) 高野邦彦, 南 典宏, 佐藤甲癸：液晶パネルを用いた虚像再生型カラー動画ホログラフィ装置, 映像情報メディア学会誌, **57**, 2, pp.287-292 (2003)
49) 孵山敏之：DLP投射システム, ディスプレイアンドイメージング 2001, **9**, pp.79-86 (2001)
50) 高野邦彦, 佐藤甲癸：単板式DMDパネルを用いた虚像再生型カラーホログラフィー立体動画像特性, 電子情報通信学会論文誌, **J86-D-II**, 6, pp.869-

876 (2003)
51) 伊藤智義：反射型液晶ディスプレイと専用計算機システム動画ホログラフィー，光学，**31**，5，pp.429-434（2002）
52) 高野邦彦，尾花一樹，田中　武，和田加寿代，佐藤甲癸：LEDを用いた個人観賞型カラー動画ホログラフィ装置の開発，映像情報メディア学会誌，**58**，3，pp.376-382（2004）
53) 山本裕紹，河野　誠，六車修二，早崎芳夫，永井芳文，清水義則，西田信夫：パララックスバリアを用いた大画面フルカラーLED立体ディスプレイの観察領域の拡大，HodicCircular，**21**，4（2002）
54) 高野邦彦，尾花一樹，田中　武，和田加寿代，佐藤甲癸，大木眞琴：空間投影型カラーホログラフィ立体動画像表示装置の作製に向けた検討，画像電子学会誌，**32**，4，pp.461-467（2003）
55) 高野邦彦，佐藤甲癸，大木眞琴：微粒子による散乱を用いたホログラフィ用立体スクリーンの提案，映像情報メディア学会誌，**57**，4，pp.476-482（2003）
56) 高野邦彦，小林紘士，武藤憲司，佐藤甲癸：白色ランプを用いたホログラフィ立体動画像の投影，画像電子学会誌，**33**，4，pp.443-446（2004）
57) 尾花一樹，奥村利道，金岡　功，高野邦彦，佐藤甲癸：気流整流器を用いた水粒子スクリーンによる動画ホログラフィ，画像電子学会誌，**34**，5，pp.680-687（2005）
58) 坂本雄児，森島守人，臼井　章：計算機合成ホログラム描画用CD-Rシステム，映像情報メディア学会誌，**58**，4，pp.549-554（2004）
59) K. Sato：Characteristics of Computer Generated Hologram by Direct Laser Recording, Transaction of IETCE, E71, 4, pp.330-332（1988）
60) 三　一成，吉川　浩：フリンプリンタによるホログラム作製と評価，HODIC，**26**，3，pp.24-27（2006）
61) 岡本正昭ほか：ホログラフィ技術のVRへの挑戦，HODIC Circular，**20**，1，pp.13-20（2000）
62) 志水英二ほか：電子立体映像システムの具体的応用について，三次元画像コンファレンス'96，No.7-S，pp.190-194（1996）

〔5章〕
1) I. Sutherland：The Ultimate Display, Proc IFIP Congress, pp.506-508（1965）
2) C. Cruz-Neira, D. J. Sandin and T. A. DeFanti：Surround-Screen Projection-Based Virtual Reality：The Design and Implementation of the CAVE, Proc. SIGGRAPH'93, pp.135-142（1993）
3) M. Nakajima and H. Takahashi：Multi-Screen Virtual Reality System：VROOM—Hi-Resolution and four-screen Stereo Image Projection System

—, Proc. International Workshop on New Video Media Technology, pp.95-100 (1997)
4) 廣瀬通孝, 小木哲郎, 石綿昌平, 山田俊郎：多画面全天周ディスプレイ (CABIN) の開発とその特性評価, 電子情報通信学会論文誌 D-II, **J81**, 5, pp.888-896 (1998)
5) 山田俊郎, 棚橋英樹, 小木哲郎, 廣瀬通孝：完全没入型6面ディスプレイCOSMOS の開発と空間ナビゲーションにおける効果, 日本バーチャルリアリティ学会論文誌, **4**, 3, pp.531-538 (1999)
6) Silicon Graphics, Inc.：http://www.sgi.com/ (2006年10月24日現在)
7) K. Akely：RealityEngine Graphics, Proc. SIGGRAPH'93, pp.109-116 (1993)
8) J. S. Montrym, D. R. Baum, D. L. Dignam and C. J. Migdal：InfiniteReality：A Real-Time Graphics System, Proc. SIGGRAPH'97, pp.293-302 (1997)
9) OpenGL コミュニティーサイト：http://www.opengl.org/ (2006年10月24日現在)
10) W. R. Mark, R. S. Glanville, K. Akeley and M. J. Kilgard：Cg：A System for Programming Graphics Hardware in a C-like Language, Proc. SIGGRAPH 2003, pp.896-907 (2003)
11) 長束哲朗, 杉原利昭：空間型ヒューマンインタフェースの開発—複数画面表示システム開発の一手法—, Proc. 9th Symposium on Human Interface, pp.195-198 (1993)
12) M. Czernuszenko, D. Pape, D. Sandin, T. DeFanti, G. L. Dawe and M. D. Brown：The ImmersaDesk and InfinityWall projection-based virtual reality displays, Computer Graphics, **31**, 2, pp.46-49 (1997)
13) D. Ridge, D. Becker, P. Merkey and T. Sterling：Beowulf：Harnessing the Power of Parallelism in a Pile-of-PCs, IEEE Aerospace, **2**, pp.79-91 (1997)
14) H. G. Dietz and T. Muhammad, J. B. Sponaugle and T. Mattox：PAPERS：Purdue's Adaptor for Parallel Execution and Rapid Synchronization, TR-EE 91-11, Purdue University (1994)
15) G. Humphreys, M. Eldridge, I. Buck, G. Stoll, M. Everett and P. Hanrahan：WireGL：A Scalable Graphics System for Clusters, Proc. SIGGRAPH 2001, pp.129-140 (2001)
16) G. Humphreys, I. Buck, M. Eldridge and P. Hanrahan：Distributed Rendering for Scalable Displays, Proc. Super Computing 2000 (2000)
17) D. R. Schikore, R. A. Fischer, R. Frank, R. Gaunt, J. Hobson and B. Whitlock：High-Resolution Multiprojector Display Walls, IEEE Computer Graphics and Applications, **20**, 4, pp.38-44 (2000)
18) S. Molnar, M. Cox, D. Ellsworth and H. Fuchs：A sorting classification of

parallel rendering, IEEE Computer Graphics and Applications, **14**, 4, pp.23-32（1997）

19) N. J. Boden, D. Cohen, R. E. Felderman, A. E. Kulawik, C. L. Seitz, J. N. Seizovic and Wen-King Su：Myrinet—A Gigabit-per-Second Local-Area Network, IEEE MICRO, **15**, 1, pp.29-36（1996）

20) K. Li, H. Chen, Y. Chen, D. W. Clark, P. Cook, S. Damianakis, G. Essl, A. Finkelstein, T. Funkhouser, A. Klein, Z. Liu, E. Praun, R. Samanta, B. Shedd, J. P. Singh, G. Tzanetakis and J. Zheng：Early Experiences and Challenges in Building and Using A Scalable Display Wall System, IEEE Computer Graphics and Applications, **20**, 4, pp.671-680（2000）

21) R. Samanta, T. Funkhouser, K. Li and J. P. Singh：Hybrid Sort-First and Sort-Last Parallel Rendering with a Cluster of PCs, Proc. Eurographics/SIGGRAPH Graphics Hardware Workshop 2000（2000）

22) T. Mitra and T. Chiueh：Implementation and Evaluation of the Parallel Mesa Library, Proc. Conference on Parallel and Distributed Systems, pp.84-91（1998）

23) Texas Instrument の DLP に関する Web ページ：http://www.dlp.com/（2005年7月25日現在）

24) Polhemus 社ホームページ：http://www.polhemus.com/（2006年10月24日現在）

25) Ascension Technology 社ホームページ：http://www.ascension-tech.com/（2006年10月24日現在）

26) E. Foxlin, M. Harrington and G. Pfeifer：Constellation：A Wide-Range Wireless Motion Tracking System for Augmented Reality and Virtual Set Applications, Proc. SIGGRAPH'98, pp.371-378（1998）

27) CAVELib：http://www.vrco.com/CAVELib/OverviewCAVELib.html（2006年10月24日現在）

28) A. Bierbaum, C. Just, P. Hartling, K. Meinert, A. Baker and C. Cruz-Neira：VR Juggler：A Virtual Platform for Virtual Reality Application Development, Proc. IEEE VR 2001, pp.89-96（2001）

29) 橋本直己，長谷川晶一，佐藤　誠：マルチプロジェクションディスプレイ D-vision の開発，映像情報メディア学会誌，**58**, 3, pp.409-417（2004）

30) 小木哲郎：没入型ディスプレイの特性と応用の展開，ヒューマンインタフェース学会論文誌，**1**, 4, pp.43-49（1999）

31) 柴野伸之，澤田一哉，竹村治雄：マルチプロジェクタを用いたスケーラブル大型ドームディスプレイ CyberDome の開発，日本バーチャルリアリティ学会論文誌，**9**, 3, pp.327-336（204）

32) 畑田豊彦：映像観視時の生体の反応 1. 総説，テレビジョン学会誌，**50**, 4,

pp.419-422（1996）
33) 柳　在鍋，橋本直己，佐藤　誠：没入型ディスプレイの映像提示領域による没入感への影響，映像情報メディア学会誌，**59**，7，pp.1051-1058（2005）
34) 畑田豊彦，斎田真也：奥行き知覚の要因とメカニズム，テレビジョン学会誌，**43**，8，pp.755-762（1989）
35) J. Leigh, A. E. Johnson and T. A. DeFanti：CAVERN：A Distributed Architecture for Supporting Scalable Persistence and Interoperability in Collaborative Virtual Environments, Virtual Reality Research, Development and Applications, **2**, 2, pp.217-237（1997）
36) 橋本直己，倉橋雅也，佐藤　誠：曲面スクリーンを用いたマルチプロジェクトディスプレイにおける任意視点での歪みのない映像提示手法，映像情報メディア学会誌，**58**，4，pp.507-513（2004）

〔6 章〕
1) 岩田洋夫：凹凸面を提示する仮想歩行装置 GaitMaster，日本バーチャルリアリティ学会第 4 回全国大会，23 C 4，pp.345-348（1999）
2) 岩下　克，外山　篤，橋本直己，長谷川晶一，佐藤　誠：足踏み動作を用いた移動インタフェースの開発，電子情報通信学会論文誌 A，**J87-A**，1，pp.87-95（2004）
3) T. H. Massey and J. K. Salisbury：The PHANToM haptic interface：A device for probing virtual objects, Proc. ASME Winter Annual Meeting, Dynamic Systems and Control, Chicago, **55**, DSC, pp.295-301（1994）
4) M. Ishii and M. Sato：A 3D Spatial Interface Device Using Tensed Strings, Presence, **3**, 1, pp.81-86（1994）
5) S. Jeong, N. Hashimoto and M. Sato：Immersive Multi-Projector Display on Hybrid Screens with Human-Scale Haptic Interface, IEICE Transactions on Information and Systems, **E88-D**, 5, pp.888-893（2005）
6) OpenSceneGraph：http://www.openscenegraph.org/（2006 年 10 月 24 日現在）
7) CAVELib：http://www.vrco.com/CAVELib/OverviewCAVELib.html（2006 年 10 月 24 日現在）
8) A. Bierbaum, C. Just, P. Hartling, K. Meinert, A. Baker and C. Cruz-Neira：VR Juggler：A Virtual Platform for Virtual Reality Application Development, Proceedings of IEEE VR 2001, pp.89-96（2001）
9) J. Allard, V. Gouranton, E. Melin and B. Raffin：Parallelizing Pre-rendering Computations on a Net Juggler PC Cluster, Proceedings of 7th Annual IPT Symposium（2002）
10) G. Humphreys, M. Eldridge, I. Buck, G. Stoll, M. Everett and P. Hanrahan：

WireGL : A Scalable Graphics System for Clusters, Proc. SIGGRAPH 2001, pp.129-140 (2001)

11) G. Humphreys, M. Houston, R. Ng, R. Frank, S. Ahern, P. D. Kirchner and J. T. Klosowski : Chromium : A Stream Processing Framework for Interactive Rendering on Clusters, Proceedings of SIGGRAPH 2002, pp.693-702 (2002)

12) 橋本直己，石田善彦，佐藤　誠：没入型ディスプレイシステムのための自動分散ソフトウェア環境，電子情報通信学会論文誌，**J89-D**, 2, pp.362-370 (2006)

13) N. Hahsimoto, Y. Ishida and M. Sato : A Self-Adaptive Software Environment for Cluster-based Display systems, Proceedings of IWAIT 2005, pp.417-422 (2005)

14) S. Jeong, N. Hashimoto, S. Hasegawa, N. Teranishi and M. Sato : Interacting with Reactive Virtual Human using Human-scale Force Feedback, Proc. ICAT'2004, pp.397-402 (2004)

15) 崔　雄，鄭　承珠，橋本直己，長谷川晶一，小池康晴，佐藤　誠：力覚提示機能を備えたリアクティブモーションキャプチャシステムの構築，映像情報メディア学会誌，**57**, 12, pp.1727-1732 (2003)

16) 岡野文男：走査線4000本級超高精細映像システムの研究，NHK技研R&D，**86**, pp.30-43 (2004)

17) 竹田　仰，金子照之：広視野映像が重心動揺に及ぼす影響，テレビジョン学会誌，**50**, 12, pp.1935-1940 (1996)

18) 大西　仁，望月　要，杉本裕二：重心動揺を指標としたサラウンド・ディスプレイの視覚的効果の測定，電子情報通信学会論文誌（B），**J86-B**, 1, pp.45-56 (2003)

19) 柳　在鎬，橋本直己，佐藤　誠：没入型ディスプレイの映像提示領域による没入感への影響，映像情報メディア学会誌，**59**, 7, pp.1051-1058 (2005)

20) 株式会社セガ　東京ジョイポリス：http://www.sega.co.jp/joypolis/tokyo.html (2006年10月24日現在)

21) M. Nakajima and H. Takahashi : Multi-Screen Virtual Reality System : VROOM—Hi-Resolution and four-screen Stereo Image Projection System —, Proc. International Workshop on New Video Media Technology, pp.95-100 (1997)

22) J. Jacobson and M. Lewis : Game Engine Virtual Reality with CaveUT, IEEE Computer, **38**, 5, pp.79-82 (2005)

索　　　引

【あ】
アクティブステレオ方式　118
足踏み移動インタフェース　159
圧縮率　64
アナグリフ方式　9

【い】
位相コード　74
位相分布　71
位相変調　41
位相量子化ホログラム　28
移動インタフェース　159
イメージホログラム　45
色にじみ　92
インタラクティブ性　45
インテグラルフォトグラフィー（IP）方式　20

【う】
腕木式通信機（テレグラフ）　50
運動視差　2, 5, 126

【え】
液晶空間変調器　32
液晶シャッタメガネ　118
エッジブレンディング処理　125
遠隔教育　50
エンコードレート　64
エンターテインメント　194
円偏光フィルタ　120

【お】
折返し　78
音響光学変調器（AOM）　32

【か】
回折　24
回折効率　41
画像圧縮　64
仮想プロジェクタ　152
可変ビットレート方式　64
カラー再生装置　82
感光剤　24
干渉　23
干渉縞　24
感性的要因　7

【き】
幾何的ひずみ　147
幾何ひずみ　149
幾何補正　148
輝度ひずみ　149
輝度補正　148
キノフォーム　35, 71
キャリブレーション　149
究極のディスプレイ　104
共有メモリ　170
虚像　24
虚像再生法　84
虚像再生方式　44
気流整流器　94
記録面　24

【く】
空間周波数　44

空間光変調器（SLM）　32
空中結像　94
クライアントサーバモデル　173
グラフィックスワークステーション　106
グレーティング方式　13
クロストーク　118

【け】
計算機合成ホログラム　51
計算機ホログラム　27
ゲームエンジン　195

【こ】
高次回折光　80
格子パターン投影　30
光線空間　46
光線再現方式　22
光線追跡法　51
高速フーリエ変換（FFT）　58
小型化　87
コネクションマシン（CM 2）　55
コンピュータグラフィックス　102

【さ】
再生像表示可能領域　78
最適化法　70
サイバフロー　55
差分　55
3管式プロジェクタ　120
三次元位置センサ　126

索引

〚〛

三次元入力デバイス　　　45
三次元ヘッドマウント
　　ディスプレイ　　　　2
三次元ポインティング
　　システム　　　　　 48
三次元モーショントラッカ
　　　　　　　　　　 167
参照光　　　　　　　　 23
参照波法　　　　　　　 28
3D-FAX システム　　　 66
散乱　　　　　　　　　 94

〚し〛

視域　　　　　　　　　 78
視覚心理　　　　　　 189
視覚的要因　　　　　　　5
視覚疲労　　　　　　　　4
視覚誘導自己運動　　 138
磁気式センサ　　　　 126
指向性　　　　　　　　 95
視差　　　　　　　　 117
シースルー効果　　　　 94
実験的繰返し手法　　　 70
実像　　　　　　　　　 24
視点追従　　　　　　　 43
時分割　　　　　　　　 86
時分割表示方式　　　　 44
縞模様　　　　　　　　 24
射影テクスチャマッピング
　　　　　　　　　　 153
写真伝送実験　　　　　 50
視野の大きさ　　　　　　5
周期構造　　　　　　　 78
重心動揺　　　　　　 138
集束化光源列 (FLA) 方式
　　　　　　　　　　　 14
焦点調節　　　　　　　　2
情報量低減　　　　　　 46
振幅分布　　　　　　　 71

〚す〛

スクリーン法　　　　　 43
スペックルノイズ　　　 45

スリット像　　　　　　 30

〚せ〛

赤外線カメラ　　　　 127
接眼方式ホログラフィー　42
接眼レンズ　　　　　　 80
0 次再生像　　　　　　 81
センサフュージョン　 127
前面投影　　　　　　 141

〚そ〛

双対性　　　　　　　 152
ソフトスクリーン　　 122

〚た〛

体勢感覚　　　　　　 160
体積走査スクリーン方式 17
多重露光　　　　　　　 25
断層画像型ホログラム　 58
断層面再生方式　　　　 17

〚ち〛

地上ディジタル放送　　 50
超音波振動子　　　　　 93
超音波センサ　　　　 127
超高輝度 LED　　　　　87
超多眼ディスプレイ方式 14
直線偏光フィルタ　　 120

〚つ〛

通信ネットワーク　　　 49

〚て〛

ディジタルホログラフィー
　　　　　　　　　　　 32
ディジタルモックアップ
　　　　　　　　　　 144
データ放送　　　　　　 50
デニシュク・リップマン
　　ホログラム　　　　 24
電子ホログラフィー　　 29

〚と〛

投影変換　　　　　　 152
動画ホログラフィー投影
　　システム　　　　　 92
動画ホログラム　　　　 34
透視変換　　　　　　 152
都市環境評価　　　　 191

〚に〛

任意視点　　　　　　 152

〚ね〛

ネットワーキング　　　 44

〚の〛

ノズル　　　　　　　　 94
狼煙　　　　　　　　　 50

〚は〛

背面投影　　　　　　 141
白色 LED　　　　　　　45
白色光　　　　　　　　 25
白色光像再生　　　　　 45
白色ランプ　　　　　　 82
白色レーザ　　　　　　 25
バーチャルリアリティ
　　(VR)　　　　　 3, 101
バーチャルヒューマン 181
波長選択性　　　　　　 24
バックライト分割方式　 11
パッシブステレオ方式 118
バッファスワップ　　 129
ハードスクリーン　　 123
波面変換　　　　　　　 37
波面量子化　　　　　　 70
パララックスバリア方式 9
パラレルバーチャルマシン
　　(PVM)　　　　　　 53
バリフォーカル方式　　 17
パルスレーザ　　　　　 47
ハロゲンランプ　　　　 45
反射型 LCD　　　　　　86

【は】

反射型液晶パネル　39
反射マーカ　127

【ひ】

光アドレス型　41
微小ミラーデバイス（DMD）　32
ビデオアクセラレータ　109
表示像サイズ　80
ピント調節　5

【ふ】

ファックス　66
複合現実感　105
輻輳　2
複素共役像　78
物体光　23
物理シミュレーション　195
ブラックレベル　121
フーリエ変換型　51
フーリエ変換法　28
フレネルスクリーン　123
フレネルホログラム　23
フレネルレンティキュラースクリーン　123
フレームバッファ　128
フレーム分割表示方式　44
プログラマブル GPU　112
プロジェクタ　117
ブロードキャスト　171
噴霧量　96

【へ】

平行配向　40

【へ】

並列処理プロセッサ　44
並列分散描画　173
ヘッドマウントディスプレイ（HMD）方式　12
偏光フィルタ　119
偏光フィルタ方式　9
偏光メガネ　118

【ほ】

没入型ディスプレイ　101
没入感　101
ホログラフィー　2
ホログラフィック HMD　88
ホログラフィック光学素子　3
ホログラフィックスクリーン方式　12
ホログラフィックステレオグラム　26
ホログラフィックステレオグラム方式　46

【ま】

マスタスレーブモデル　174
間引き　62
マルチテクスチャ　149
マルチプロジェクション　124
マルチプロジェクションディスプレイ　131

【み】

水粒子　93
水粒子スクリーン　94

【も】

網膜像の大きさ　6
モーションキャプチャ　147

【ら】

ランダムドットステレオグラム　49

【り】

リアクティブバーチャルヒューマン　181
リアクティブモーションキャプチャ　184
力覚提示装置　164
離散コサイン変換（DCT）　63
立体 TV　32
立体映像音響コンテンツ　68
立体音響　195
立体鏡（ステレオスコープ）　1
立体視　5
立体動画像配信法　67
リフレッシュレート　86
両眼視差　2, 6

【る】

ルックアップテーブル　149

【れ】

レンティキュラー方式　9

【A】

AGP バス　111
API アダプタ　176

【B】

Beowulf　114

【C】

CAVE　106
CG　102
CGH　30
Chromium　173

【D】

DFD 方式　18

索引　　213

DirectX		*111*
DLP		*120*
DMD		*39, 85, 120*
double buffer		*129*
D-vision		*131*

〖 E 〗

EYE-PHONE	*105*

〖 G 〗

GenLock	*129*
GPU	*111*
GWS	*106*

〖 H 〗

head mounted display	*104*
HMD	*104*
HMD 方式	*44*
Hogel-vector	*60*
HORN-5	*60*
Hybrid スクリーン	*132*

〖 I 〗

IC ビジョン	*13*
InfinityWall	*113*

〖 J 〗

JPEG	*63*

〖 L 〗

LCD	*120*
LCOS	*39*
LED チップ（発光点）	*88*

〖 M 〗

MPEG-4	*64*
MR	*105*

〖 O 〗

off-axis	*78*
on-axis	*78*
OpenGL	*109, 173*

〖 P 〗

PAL-SLM	*40*
PC	*108*
PC クラスタ	*114*
PCI Express バス	*111*
PowerWall	*113*

〖 Q 〗

quad buffer	*129*

〖 R 〗

Real Media 形式	*69*

〖 S 〗

SceneGraph	*131, 170*
sort-first	*116*
sort-last	*116*
SPIDAR-H	*164*
SSTV	*66*
SwapLock	*129, 170*

〖 T 〗

Tiled Display	*115*
Transpost	*15*

〖 U 〗

UDP	*171*

〖 V 〗

VR	*101*

〖 W 〗

WireGL	*115, 173*

〖 Z 〗

Z バッファ	*110*

―― 著者略歴 ――

佐藤　誠（さとう　まこと）
1973年　東京工業大学工学部電子物理工学科卒業
1978年　東京工業大学大学院理工学研究科博士課程
　　　　修了（電気工学専攻）
　　　　工学博士
1978年　東京工業大学助手
1986年　東京工業大学助教授
1996年　東京工業大学教授
　　　　現在に至る

橋本　直己（はしもと　なおき）
1997年　東京工業大学工学部情報工学科卒業
2001年　東京工業大学大学院情報理工学研究科博士
　　　　課程修了（計算工学専攻）
　　　　博士（工学）
2001年　東京工業大学助手
　　　　現在に至る

佐藤　甲癸（さとう　こうき）
1971年　早稲田大学理工学部電子通信学科卒業
1975年　早稲田大学大学院理工学研究科博士課程修了
　　　　（電気工学専攻）
　　　　工学博士
1975年　早稲田大学理工学研究所奨励研究生
1977年　相模工業大学（現　湘南工科大学）助教授
1993年　湘南工科大学教授
　　　　現在に至る

高野　邦彦（たかの　くにひこ）
1996年　湘南工科大学工学部電気工学科卒業
1998年　湘南工科大学大学院工学研究科修士課程修了
　　　　（電気工学専攻）
1998年　（株）ケンウッドエンジニアリング勤務
2002年　湘南工科大学大学院工学研究科博士課程修了
　　　　（電気工学専攻），博士（工学）
2002年　東京都立航空工業高等専門学校助手
2003年　東京都立航空工業高等専門学校講師
2006年　東京都立産業技術高等専門学校講師
　　　　現在に至る

三次元画像工学
Stereoscopic Image Technology　　Ⓒ（社）映像情報メディア学会　2006

2006年12月28日　初版第1刷発行

|検印省略|

編　者　　社団法人
　　　　　映像情報メディア学会
著　者　　佐　藤　　　誠
　　　　　佐　藤　甲　癸
　　　　　橋　本　直　己
　　　　　高　野　邦　彦
発行者　　株式会社　コロナ社
　　　　　代表者　牛来辰巳
印刷所　　新日本印刷株式会社

112-0011　東京都文京区千石4-46-10
発行所　株式会社　コロナ社
CORONA PUBLISHING CO., LTD.
Tokyo　Japan
振替 00140-8-14844・電話(03)3941-3131(代)
ホームページ　http://www.coronasha.co.jp

ISBN 4-339-01265-3　　（阿部）　（製本：愛千製本所）
Printed in Japan

無断複写・転載を禁ずる
落丁・乱丁本はお取替えいたします

電気・電子系教科書シリーズ

（各巻A5判）

- ■編集委員長　高橋　寛
- ■幹　事　湯田幸八
- ■編集委員　江間　敏・竹下鉄夫・多田泰芳
　　　　　　中澤達夫・西山明彦

配本順		書名	著者	頁	定価
1.	(16回)	電気基礎	柴皆田藤尚新志二共著	252	3150円
2.	(14回)	電磁気学	多柴田田泰尚芳志共著	304	3780円
3.	(21回)	電気回路Ⅰ	柴田尚志著	248	3150円
4.	(3回)	電気回路Ⅱ	遠鈴藤木西勲靖平郎正共著	208	2730円
6.	(8回)	制御工学	下奥二鎮共著	216	2730円
7.	(18回)	ディジタル制御	青西木堀俊達立幸夫幸共著	202	2625円
9.	(1回)	電子工学基礎	中藤澤原勝共著	174	2310円
10.	(6回)	半導体工学	渡辺英夫著	160	2100円
11.	(15回)	電気・電子材料	中押澤森田山藤服原部健共著	208	2625円
12.	(13回)	電子回路	須土田田英健二二共著	238	2940円
13.	(2回)	ディジタル回路	伊若吉原海沢室山充弘昌進博夫純也厳共著	240	2940円
14.	(11回)	情報リテラシー入門	賀下共著	176	2310円
15.	(19回)	C++プログラミング入門	湯田幸八著	256	2940円
16.	(22回)	マイクロコンピュータ制御プログラミング入門	柚賀正光千代谷慶共著	244	3150円
17.	(17回)	計算機システム	春舘日泉雄健治共著	240	2940円
18.	(10回)	アルゴリズムとデータ構造	湯伊田原幸充八博共著	252	3150円
19.	(7回)	電気機器工学	前新江甲江橋間谷橋斐間三吉邦勉弘敏勲敏章共著	222	2835円
20.	(9回)	パワーエレクトロニクス	江高間橋敏勲共著	202	2625円
21.	(12回)	電力工学	江甲斐間隆敏章共著	260	3045円
22.	(5回)	情報理論	三吉木川成英彦機共著	216	2730円
25.	(4回)	情報通信システム	岡桑原月正唯孝史夫共著	190	2520円
26.	(20回)	高電圧工学	植松箕充史志共著	216	2940円

以下続刊

- 5. 電気・電子計測工学　西山・吉沢共著
- 8. ロボット工学　白水俊之著
- 23. 通信工学　竹下・吉川共著
- 24. 電波工学　松田・南部・宮田共著

定価は本体価格+税5％です。
定価は変更されることがありますのでご了承下さい。

◆図書目録進呈◆

映像情報メディア基幹技術シリーズ

(各巻A5判)

■(社)映像情報メディア学会編

			頁	定価
1.	音声情報処理	春日正男/船田哲男/林伸一/武 実哉 共著	256	3675円
2.	ディジタル映像ネットワーク	羽鳥好律/片山 明 編著	238	3465円
3.	画像LSIシステム設計技術	榎本 忠儀 編著	332	4725円
4.	放送システム	山田 宰 編著	326	4620円
5.	三次元画像工学	佐藤甲斐誠/佐本直巳/橋野邦彦 共著	222	3360円
6.	情報ストレージ技術	沼澤潤二/梅本益雄/奥田 優/喜連川 共著		近刊

以下続刊

画像と視覚情報科学　矢野 澄男編著
映像情報ディスプレイ
映像情報センシング
ディジタル画像圧縮符号化　貴家・吉田/鈴木・広明 共著

テレビジョン学会教科書シリーズ

(各巻A5判, 欠番は品切です)

■(社)映像情報メディア学会編

配本順			頁	定価
1.(8回)	画像工学(増補) ―画像のエレクトロニクス―	南 敏/中村 納 共著	244	2940円
2.(9回)	基礎光学 ―光の古典論から量子論まで―	大頭 仁/高木 康博 共著	252	3465円
4.(10回)	誤り訂正符号と暗号の基礎数理	笠原正雄/佐竹賢治 共著	158	2205円
5.(4回)	光波電波工学 ―電磁波の伝搬・伝送―	川上彰二郎/松村 和仁/椎名 徹 共著	164	2100円
6.(2回)	応用電子物性工学 ―半導体から光デバイスまで―	佐藤勝昭/越田信義 共著	260	3150円
7.(3回)	量子電子工学 ―レーザの基礎と応用―	氏原 紀公雄 著	220	2835円
8.(6回)	信号処理工学 ―信号・システムの理論と処理技術―	今井 聖 著	214	2940円
9.(5回)	認識工学 ―パターン認識とその応用―	鳥脇 純一郎 著	238	3045円
11.(7回)	人間情報工学 ―バイオニクスからロボットまで―	中野 馨 著	280	3675円

定価は本体価格+税5%です。
定価は変更されることがありますのでご了承下さい。

図書目録進呈◆